高含硫气田职工培训教材

高含硫化氢天然气井控案例选编

康永华　孔令启　编著

中国石化出版社

内 容 提 要

本书是高含硫气田职工培训教材系列丛书的补充和完善,本书精选的案例是从钻井过程中、钻井起下钻过程中、钻井完井过程中、新井投产过程中、生产作业过程中搜集的 64 个井控事故案例,每个案例都是按照井的基本情况、事故的发生与处理过程、事故原因、事故教训进行详尽地介绍,具有较强的实用性、先进性和规范性。本书可供高含硫气田职工实操培训使用,也可供高含硫气田及相关石油石化企业的技术管理人员及企业员工阅读使用。

图书在版编目(CIP)数据

高含硫化氢天然气井控案例选编/康永华,孔令启
编著 .—北京 : 中国石化出版社,2020.8
高含硫气田职工培训教材
ISBN 978-7-5114-5893-3

Ⅰ.①高… Ⅱ.①康… ②孔… Ⅲ.①高含硫原油-
气田开发-井控-职业培训-教材 Ⅳ.①TE37

中国版本图书馆 CIP 数据核字(2020)第 135421 号

未经本社书面授权,本书任何部分不得被复制、抄袭,或者以
任何形式或任何方式传播。版权所有,侵权必究。

中国石化出版社出版发行

地址:北京市东城区安定门外大街 58 号
邮编:100011 电话:(010)57512500
发行部电话:(010)57512575
http://www.sinopec-press.com
E-mail:press@sinopec.com
北京富泰印刷有限责任公司印刷
全国各地新华书店经销

*

787×1092 毫米 16 开本 11.25 印张 278 千字
2020 年 9 月第 1 版 2020 年 9 月第 1 次印刷
定价:78.00 元

前 言 | PREFACE

　　普光气田是我国已发现的最大规模海相整装气田，具有储量丰度高、气藏压力高、硫化氢含量高、气藏埋藏深等特点。普光气田的开发建设，国内外没有现成的理论基础、工程技术、配套装备、施工经验等可供借鉴，使得普光气田的安全优质开发面临一系列世界级难题。中原油田普光分公司作为直接管理者和操作者，克服困难、积极进取，消化吸收了国内外先进技术和科研成果，在普光气田开发建设、生产运营中不断总结，逐步积累了一套较为成熟的高含硫气田开发运营与安全管理经验。为了固化、传承、推广好做法，夯实安全培训管理基础，填补高含硫气田开发运营和安全管理领域培训教材的空白，根据气田生产开发实际，组织技术人员，以建立中国石化高含硫气田安全培训规范教材为目标，在已有自编教材的基础上，编写、修订了高含硫气田职工培训教材系列丛书，包括《高含硫气田安全工程培训教材》《高含硫气田采气集输培训教材》《高含硫气田净化回收培训教材》《高含硫气田应急救援培训教材》，总编陈惟国，并于2014年由中国石化出版社出版发行。

　　《高含硫化氢天然气井控案例选编》是高含硫气田职工培训教材系列丛书《高含硫气田安全工程培训教材》的补充，本书精选的案例按照井的基本情况、事故的发生与处理经过、事故原因分析和事故教训进行编写，具有较强的适用性、先进性和规范性，可以作为高含硫气田职工实操培训使用，也可以为高含硫气田开发研究、教学、科研提供参考。本册教材主编康永华，副主编孔令启。内容共分6章，精选了钻井过程中、钻井起下钻过程中、钻井完井过程中、新井投产过程中、生产作业过程中的64个井控事故案例。第1章由田利英、苗玉强编写，第2章由马洲、陈琳编写，第3章由

I

程虎、孙丰编写，第4章由杨大静、吴建国、王小群编写，第5章由施春宁、王红宾、逯地编写，第6章由董海彬、周培立编写。全书由苗玉强、王红宾统稿。

在本教材编著过程中，各级领导给予了高度重视和大力支持，普光分公司多位管理专家、技术骨干、技能操作能手为教材的编审修改贡献了智慧，付出了辛勤的劳动，编审工作还得到了中原油田培训中心的大力支持，中国石化出版社对教材的编审和出版工作给予了热情帮助，在此一并表示感谢！

我国高含硫气田开发生产尚处于初期阶段，高含硫气田开发生产经验方面还需要不断积累完善，恳请在使用过程中多提宝贵意见，为进一步完善、修订教材提供借鉴。

目 录 | CONTENTS

第 6 章　高含 H_2S 气井生产中井控故障处理 ·······························（155）

第1章

钻井过程中发生的井喷事故

案例 1
双 H5-608 井溢流闪燃事故

1. 双 H5-608 井基本情况

双 H5-608 井是河南油田双江区块的一口双靶心定向井，位于河南省桐柏县江河村南，设计井深 2398m，实际井深 2359m，井口安装有 2FZ35-35 防喷器。一开井身结构：Φ394mm 钻头×207m+Φ270mm 表层套管×206m，二开为 Φ216mm 钻头。由河南油田 32620 钻井队承钻。2008 年 11 月 28 日一开，11 月 30 日二开。

2. 溢流闪燃发生与处理经过

2008 年 12 月 17 日 4：45 钻至 2303m 时，坐岗人员发现钻井液密度由 1.25g/cm³ 降至 1.22g/cm³、黏度由 71s 降至 68s，判断为油水浸。随后停钻循环加重钻井液密度至 1.28g/cm³、黏度 81s，停泵观察无溢流。18 日 11：40，钻至 2359m 接单根时发生黏吸卡钻，钻头位置 2346m，采取浸泡原油处理卡钻故障。

为保证浸泡原油解卡处理期间井筒液柱压力足以压稳地层，将全井钻井液密度提高至 1.35g/cm³。18 日 19：30，钻井队注入密度为 1.41g/cm³ 的钻井液 80m³，随后注入原油 9m³、替钻井液 18.5m³；20：30 施工结束，井口无溢流（井口返出钻井液密度为 1.41g/cm³，井筒内井底当量密度为 1.34g/cm³）。原油浸泡井段为 2041~2346m。之后每半小时活动钻具并开泵顶水眼一次。19 日 5：15，坐岗人员发现井口有钻井液轻微外溢，测得溢流量为 0.24m³/h，5：35 关井，关井套压为 0。观察指重表悬重变化，等待解卡。6：08，悬重由 20t 上升为 70t，判断已解卡，此时关井套压为 0。6：10 开节流阀，钻井液回收管线流出一小股钻井液，之后不再有钻井液流出。为防止再次黏卡，6：12 打开封井器，随后开泵循环、活动钻具，期间钻井液突然溢至转盘面，当班司钻立即发出长笛报警信号，上提方钻杆准备关井。6：15 发生闪燃，造成井口着火，司钻和 1 名外钳工被灼伤，钻具失控下落。18：00，开始用密度为 1.4g/cm³ 的压井液进行压井作业，20：00 压井成功。

3. 溢流闪燃原因分析

（1）在循环活动钻具过程中，返出的气浸钻井液脱气并在井口聚集（冬季施工，井架底座周围有围布），达到闪燃浓度，遇绞车滚筒钢丝绳摩擦产生的火星发生闪燃是事件发生的直接原因。

① 该井油层原油中油气比较高。注入加重钻井液和原油，浸泡近 9h 未循环，气体逐渐侵入井筒、积聚，形成气柱，降低了井筒液柱压力，导致轻微溢流。实施关井后，气柱逐渐上移。解卡开井循环后，气体迅速上升溢出，为闪燃提供了物质条件。

② 由于冬季施工井架周围有围布，且 19 日凌晨风力较小（偏北风 2 级），溢出的溶解气不能及时消散，钻台区域可燃气体浓度不断增加，为闪燃提供了环境条件。

③ 在上提方钻杆时，悬重在 70t 以上，导致大庆 II 型钻机绞车滚筒钢丝绳摩擦产生火星，为闪燃提供了火源。

（2）井控处理措施不当是事件发生的主要原因。一是解卡方案中的井控措施不当。解卡方案中未制订"开节流阀、关井、上下活动钻具、开泵加重钻井液循环"的井控措施，也没有制订"把方钻杆提出转盘面，加座吊卡后，再上下活动钻具开泵循环"的技术措施。二是在实施解卡过程中，解卡开井后，流出一小股钻井液，钻井队没有高度重视，观察溢流时间过短，直接采用了开井循环和直接活动钻具的不当方式。

（3）井控意识不强，未制定周密全面的防火防爆措施，是事件发生的重要原因。由于对该地区的油藏特点认识不足，思想麻痹，对气体的侵入、运移和形成气柱的风险重视不够，没有制定周密的可燃气体监控措施，也没有制定"拆除钻台围布，采取强制通风"等防火防爆措施。

（4）设计存在不足也是事故发生的原因之一。一是地质设计提供的该井邻井的测压数据显示最高地层压力系数为 1.18，但在"实施要求"中提出："因该井区大部分目的层压力较低，为保护好油层，要求钻井液密度不大于 $1.05g/cm^3$，失水小于 5mL"；二是工程设计的钻井液密度不大于 $1.2g/cm^3$。以上两项设计中的钻井液密度附加值均不符合《钻井井控技术规程》[SY/T 6426—2005]的标准要求，存在井控风险。

4. 事故教训

（1）冬季施工期间，自打开油气层后应拆除井架底座周围围布，或采取强制通风措施，避免可燃气体聚集。

（2）采取浸泡原油方法解卡时，应坚持 24h 坐岗。

（3）实施注原油解卡措施前，应先压稳地层，防止因液柱压力降低引发溢流或井喷。

（4）强化井控意识，当采取浸泡原油方法解卡期间出现溢流时，应立即采取措施，恢复循环加重钻井液。

（5）规范钻井井控设计，地质和工程设计的钻井液密度应满足井控工作要求。

案例 2

清溪 1 井井喷事故

1. 清溪 1 井基本情况

清溪 1 井是一口预探井，位于四川省宣汉县清溪镇七村 3 组，构造上位于四川盆地川东断褶带清溪构造高点。设计井深 5620m，主探石炭系储层，兼探嘉陵江组、飞仙关组、长兴组、茅口组及陆相层系，中志留统韩家店组完钻。

该井由胜利油田 70158 钻井队承钻。2006 年 1 月 11 日 23：00 一开，2006 年 2 月 28 日 7：15 二开，2006 年 7 月 10 日 20：00 三开，2006 年 12 月 17 日 4：00 四开，12 月 20 日钻至井深 4285.38m 发生气层溢流、导流放喷，钻头位置 4275.00m。经过五次压井施工，于 2007 年 1 月 3 日压井封井成功。溢流时钻头尺寸、套管程序见表 1-1。

表 1-1　清溪 1 井钻头与套管程序

开钻次数	井段/m	钻头尺寸/mm	套管尺寸/mm	套管下深/m	水泥返高/m
导管	—	—	Φ508	15.16	地面
一开	-601.43	Φ406.4	Φ339.7	600.64	地面
二开	-3070.00	Φ316.5	Φ273.1	3067.79	地面
三开	-4261.77	Φ241.3	Φ193.7	2913.96~4260.97	2913.96
四开	-4285.38	Φ165.1	—	—	—

井下钻具组合：Φ165.1mm3A［HA537G］×0.20m+330×310×0.40m+311×310 箭形止回阀×0.43m+Φ121mm 钻铤×79.43m+311×310 旁通阀×0.71m+Φ88.9mm 加重钻杆×82.34m+Φ88.9mm 钻杆［G10(5)×52 柱（加 5 个防磨接头）］×1502.36m+311×520×0.48m+Φ139.7mm 钻杆（G105，加 6 个防磨头）×2609.61m。井身、钻具结构如图 1-1 所示。

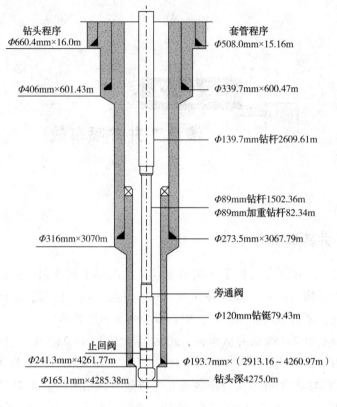

图 1-1 井身、钻具结构示意图

2. 井喷发生与处理经过

该井于 12 月 20 日 2：15 钻至井深 4284.00m 遇快钻时，4284.00～4285.00m 钻时由 81min/m 加快至 46min/m，4285.00～4285.38m 井段，进尺 0.38m、钻时 3min，立即停钻循环观察，4min 溢流 1.5m³，泵压由 14.7MPa 上升到 15.5MPa。钻井液密度 1.60g/cm³。2：33 停泵关井 11min，套压由 0MPa 上升至 20.0MPa，之后快速降至 0MPa，发生井漏；再次发生溢流关井，套压最大上升至 4.15MPa 不再升高。井口防喷器组合如图 1-2 所示。

第一次压井：12 月 20 日用密度为 1.80g/cm³ 的钻井液节流循环排气压井，套压由 20.4MPa 下降到 9.6MPa，泵入总量 64m³，套压下降到 4.3MPa，立压降为 0；随后井口失返，发生井漏关井。

第二次压井：关井后套压快速上升到最高 40.6MPa；开节流阀排气，放喷口火焰高10～15m；泵入密度为 1.70g/cm³ 的堵漏浆 20.0m³，井口钻井液返出。用密度为 1.70g/cm³ 的钻井液建立循环，出口钻井液密度 1.54～1.64g/cm³。12 月 21 日节流循环加重中液面上涨，关井套压达 41MPa，注密度为 1.77g/cm³ 的堵漏钻井液 25m³，因节

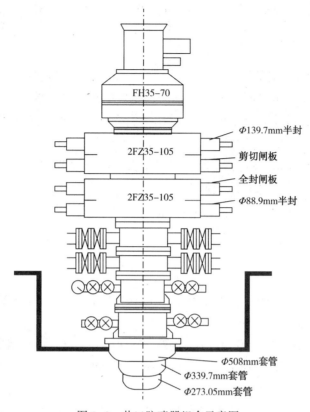

FH35-70

2FZ35-105

Φ139.7mm半封
剪切闸板
全封闸板

2FZ35-105

Φ88.9mm半封

Φ508mm套管
Φ339.7mm套管
Φ273.05mm套管

图1-2 井口防喷器组合示意图

流阀刺坏关井,套压上升为45.9MPa,放喷口火焰高30~35m。

放喷原因:套压已超出井口允许关井安全压力(41.04MPa)。打开一条放喷管线放喷,套压37.8MPa,在倒换放喷管线流程时套压最高上升到56.4MPa,先后打开三条放喷管线同时放喷,套压降至4~5MPa,放喷口火焰高35~50m。

第三次压井:12月24日注入密度为2.05g/cm³的压井液249.8m³。压井实施期间钻井液从放喷管线以雾状返出,套压、立压维持不变。准备反挤压井液时,套压在4min内快速上升至42MPa,被迫打开四条放喷管线放喷,火焰高达25~45m。

第四次压井:12月27日正注清水332m³,立压40~48MPa,套压由3.5MPa上升至39.8MPa后逐渐降至30MPa以内;正注密度2.20g/cm³的压井液260m³,突然发生漏失,在调整排量时,套压迅速上升至37MPa并且仍有继续上升。由于放喷管线刺漏、测试管线甩开,被迫停止压井作业,5条放喷管线放喷火焰高20~30m。

第五次压井:2007年1月3日正注清水127m³,逐步关掉四条方喷管线,注密度为2.20g/cm³的压井液400m³,套压由34MPa下降到15.5MPa,点火口连续返水火焰熄灭。

反挤密度为2.20g/cm³的压井液113m³,套压上升并维持在26MPa,此时已将环空侵入的气液成功推入地层;反注水泥浆86m³,同时正注水泥浆42m³;之后正反注2m³

清水关井憋压候凝，压井结束。1月4日立压0，套压至0，压井、封井成功。

3. 井喷原因分析

（1）该井为清溪构造的第一口预探井，地层压力预测误差较大，施工中对地层压力掌握不准，钻井液密度不能平衡气层压力，是发生井喷的主要原因。

（2）对井喷原因分析不够，前几次采用了高密度压井液大排量压井，因漏失未能建立环空有效液柱，加之对套压控制不当，是导致压井失败的主要原因。

（3）由于井身结构的限制，不能在高压下关井，地面节流管汇冲刺损坏严重无法有效控制，是导致压井失败的重要原因。

（4）井控管汇长时间在高压、高速流体的冲蚀下损坏严重，地面部分流程失效、更换困难，是造成压井困难的重要原因。

4. 事故教训

（1）新探区第一口预探井，地层压力预测误差大，没有引起各方重视，以致引发了溢流井喷问题。

（2）井身结构不完善，$\Phi 193.7mm$ 套管没有回接到井口，不能满足井控关井需要。

（3）对井喷后井眼系统压力分布、喷与漏关系分析不够，延长了压井次数、周期，增加了压井风险。

（4）节流、压井及放喷管汇和各种配套设施不规范，通用性和可互换性差，不能及时快速更换相应部件，对井控压井工作影响大。

（5）压井期间现场指挥、岗位分工、措施落实、应急处置等方面还需进一步加强，进一步提高井控实战水平与技能。

案例 3
毛坝 4 井溢流事故

1. 毛坝 4 井基本情况

毛坝 4 井位于四川省达州市宣汉县毛坝镇 6 村 9 组，设计井深 4840m，钻探目的是为了进一步了解毛坝场构造北部飞仙关、长兴组地层岩性组合和储层发育状况。该井由滇黔桂石油勘探局第二钻探公司 50789DG 钻井队承担钻探任务，于 2005 年 10 月 19 日一开，表层套管下深 310.9m，技术套管下深 2524.69m。

2006 年 7 月 24 日在取心过程中发生卡钻事故，7 月 26 日在处理卡钻事故过程中发生溢流，随后关井处理中因地层中含硫化氢气体进入井筒，造成井下钻具氢脆断裂。

2. 溢流发生与处理经过

2006 年 7 月 24 日 19：30 下取心筒至井深 3905.0m 遇阻，至 20：45 划眼（井段 3905.0~3911.0m），20：50~20：55 接单根后发生卡钻。当时钻具悬重 1100kN，随后在 1400~2000kN 内多次活动钻具处理，不能解卡。卡钻时钻井液密度 1.38g/cm³。

7 月 26 日 6：30~7：30 注入密度为 1.30g/cm³ 的解卡液 25.30m³，替入密度为 1.35g/cm³ 的钻井液 27.81m³，钻具内留解卡液 8.3m³，活动钻具，上提吨位 1750kN、下砸 700kN，活动两次解卡；8：15 提出一根钻杆循环排解卡液时，发现溢流，随即迅速组织关井，控制井口，关井后套压迅速由 0 升至 5MPa，后又升至 7MPa，立压为 0MPa（钻具内带回压凡尔）；9：15 关井做压井准备工作中发现悬重由 1100kN 降至 550kN，套压降为 2.5MPa 后又升至 4.0MPa，立压由 0 上升为 7MPa，根据悬重和井下压力的变化情况，判断钻具从 2000m 左右发生氢脆断入井下。

事故发生后，有关部门领导和专家共同制定了事故处理详细方案，及时采取了压井措施，控制住了硫化氢泄露险情。由于硫化氢对井内钻具造成严重的腐蚀破坏，使得后续的钻具打捞工作极其困难，最后还有落鱼 226.03m 无法打捞，被迫填井侧钻。这起事故造成直接经济损失 85.86 万元。硫化氢腐蚀后的钻杆如图 1-3 所示。

（a）　　　　　　　　　　　　　　（b）

图 1-3　硫化氢腐蚀后的钻杆

3. 溢流原因分析

（1）本井在处理卡钻过程中，使用的解卡剂密度过低。

SY/T 6426—2005《钻井井控技术规程》标准 6.2 条规定："发生卡钻需泡油、混油或因其他原因需适当降低钻井液密度时，井筒液柱压力不应小于裸眼段中最高地层压力。"该井正常钻进中，使用的钻井液密度为 1.38g/cm³，处理卡钻中所注解卡剂密度为 1.30g/cm³，其使井筒内液柱压力降低而不能平衡地层压力，导致井涌，致使 H_2S 气体浸入井筒，继而发生钻杆氢脆断裂，是发生事故的直接原因。

（2）钻具不能满足抗硫要求。

SY/T 5087—2005《含硫化氢油气井安全钻井推荐做法》标准中 6.6.4 条规定："在没有使用特种钻井液的情况下，高强度的管材（例如 P110 油管和 S135 钻杆）不应用于含硫化氢的环境。"钻井工程设计中 6.2 要求："为保证井下安全，设计使用 Φ127mm 钢级 G105 全新钻杆或一级钻杆。"

该井实际使用的钻具组合：下部采用钢级为 S135 钻杆 3165m、上部采用钢级为 G105 钻杆 608m。没有按规定和设计要求使用适于在含硫化氢气体环境中作业的钻具，是造成钻杆氢脆的重要原因。

（3）在未能认真处理、消除井下复杂情况的条件下，进行取心作业是造成卡钻的主要原因。

该井在 3932.00~3941.10m 井段取心时，取心筒不能顺利下到井底，割心后上提挂卡，通过倒划眼才能起出钻具。在这样复杂的井下条件下，施工单位没能按工程设计 13.（3）"取心技术措施"的要求认真处理，而是一直连续进行取心作业，为井下安全埋下了重大隐患。

（4）工程管理、监督把关不严。

该井三开检查验收中没有人提出 S135 钻杆不符合设计、应该更换抗硫钻杆的问题，检查验收书也无此项整改要求；2006 年 7 月 4 日取心时发现高含硫化氢气层，但没能引起生产组织及技术、监督人员足够的重视，没有制定相应措施或提出警示要求；对卡钻后采取低密度解卡液处理的作法，监督没有严格把关、提出异议。

4. 事故教训

（1）落实各级管理人员的岗位责任制，严格监督管理，做到谁审批、谁负责，谁检查、谁落实，严格实行责任追究制。

（2）牢固树立井控安全观念，切实做好井控安全和硫化氢防护工作。

（3）加强川东北 24 个新订标准及其他有关规定的学习，严格按照钻井设计和相关标准施工。

（4）加大设备投入力度，在高含硫化氢的地区井控装备、套管、钻具等，其抗硫性能必须达到设计要求。

（5）加强以岗位练兵为主的职工井控技术培训、防硫化氢技术培训。

龙 8 井井喷

1. 龙 8 井基本情况

龙 8 井位于重庆市万州区龙驹镇，是建南地区石柱复向斜中北部龙驹坝构造西端的一口预探井，设计井深（垂深）4760m，主探石炭系黄龙组含气情况，兼探二叠系长兴组长二段、三叠系飞仙关组飞三段及嘉陵江组嘉一段。该井业主方为中国石化勘探南方分公司，江汉油田 50786 钻井队承担钻探任务。2006 年 3 月 9 日一开，井身结构为：$13\frac{3}{8}$in 表层套管×433.71m+$10\frac{3}{8}$in 技术套管×2295.42m+$8\frac{1}{2}$in 钻头×4801.35m，三开井口装置为：套管头+S+S+2FZ35-70+FZ35-70+FH35-35，现场按设计要求试压 50MPa 合格；2006 年 11 月 23 日，钻进至井深 4801.35m 发生溢流，在压井节流循环中伴随漏失，测得硫化氢浓度最大 70ppm（1ppm＝10^{-6}），堵漏压井过程中钻具氢脆断裂落井，险情发生后，启动应急预案，于 27 日 12：00 压井成功。龙 8 井井身结构如图 1-4 所示，龙 8 井井口装置如图 1-5 所示。

2. 井喷发生与处理经过

三开钻井过程中，在嘉陵江至栖霞组钻遇多个漏层。2006 年 11 月 16 日 5：50 钻至井深 4780.04m 发现气显示，钻井液密度为 1.27g/cm³，停泵观察无溢流，循环并调整钻井液密度至 1.28g/cm³ 后全烃正常，汇报甲方后，

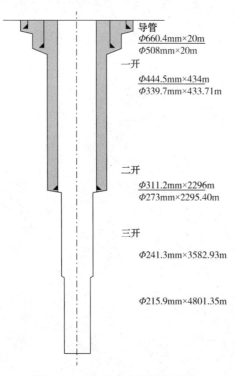

导管
ϕ660.4mm×20m
ϕ508mm×20m

一开
ϕ444.5mm×434m
ϕ339.7mm×433.71m

二开
ϕ311.2mm×2296m
ϕ273mm×2295.40m

三开
ϕ241.3mm×3582.93m

ϕ215.9mm×4801.35m

图 1-4 龙 8 井井身结构示意图

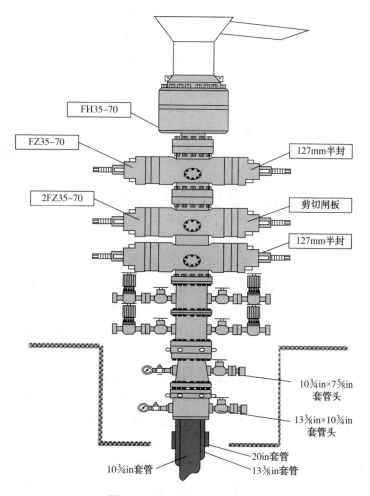

FH35-70

FZ35-70

2FZ35-70

127mm半封

剪切闸板

127mm半封

10¾in×7⅝in
套管头

13⅜in×10¾in
套管头

20in套管

10¾in套管

13⅜in套管

图 1-5　龙 8 井井口装置示意图

口头通知停钻取心。23 日 5：30 从取心井深 4789.04m 恢复正常钻进，钻进中全烃显示最高达 58%（井深 4798m）。

2006 年 11 月 23 日 19：20 钻至井深 4801.35m（栖一段，钻时 63min，钻井液密度 1.28g/cm³）。

19：22 井口返出泥浆速度突然加快，出口槽见泥浆溢出，随即发出关井信号，上提钻具停泵。

19：26 关防喷器、关节流阀关井。立压为 0，套压从 0 升为 4MPa，循环罐泥浆增量 6.26m³。

19：54～20：12 原浆节流循环排污，泵冲 50 次，共泵入 12m³，液气分离器出液口无泥浆返出，排气口点火不燃，井口套压为 0，判断井下发生漏失。

20：15 开防喷器，井口无泥浆返出，20：20 正准备向井口灌浆时发现出口槽外返泥浆，立即关防喷器，套压 7MPa。

20：36 开泵通过液气分离器节流循环，泵冲 50 次，循环泵压为 0，套压 16MPa，在节流循环过程中液气分离器出液口返出含气泥浆，1 号罐外溢，控制套压 16MPa 节流循环，液气分离器排气口点火，焰高 12~15m，为橘黄色火焰。

21：05 在罐面监测到 H_2S 浓度 6ppm；21：06 H_2S 浓度 10ppm，发出声光报警，启动防硫应急预案。

21：09 H_2S 浓度迅速上升至 46ppm，井场工作人员迅速戴好空气呼吸器，至 21：15 停泵关节流阀，井口套压 17MPa，立压为 0，同时测得振动筛处最高 H_2S 浓度 70ppm。

21：15 关井后，向上级部门汇报了井场情况，启动二级预案，同时做好压井准备。在后续压井泥浆未准备到位的情况下，现场采取了控制套压、间断节流循环放喷的措施。

2006 年 11 月 24 日 16：34 开始，以 0.5m³/min 的速度通过方钻杆向井内泵入密度为 1.28g/cm³、pH 值为 11 的堵漏压井泥浆 65m³。注浆过程中通过节流阀控制套压为 16~18MPa。在注入 65m³ 堵漏压井泥浆过程中，立管压力一直为 0。

19：00 注浆结束，关井套压 16MPa，立压为 0。堵漏浆进入地层后，井口立压为 0。

11 月 24 日 20：00~25 日 1：24，每隔 5min 通过方钻杆向井内注入密度为 1.28g/cm³ 的泥浆 2m³。控制井口套压为 16~18MPa，至 1：24 替入密度为 1.28g/cm³ 的泥浆 45.8m³，将堵漏浆全部替出钻头。在替浆期间配制密度为 1.30~1.34g/cm³ 的压井泥浆备用。

11 月 25 日 1：45 立压突升至 9MPa，套压 19MPa 未发生变化。

2：19 通过节流阀放压，点火成功，焰高 5m，立压、套压同步下降。

2：38 时立压 5.5MPa，套压 13.5MPa，井口发出异常响声，经核实，钻具断裂，悬重由 210t 下降到 60t。

2：40 启动防喷防硫应急预案和企地联动预案，钻井队向甲方及上级汇报险情。

2：50 开始用大泵注入密度为 1.60g/cm³ 的储备重浆。

3：15 开始用压力车环空注密度为 1.60g/cm³ 的储备重浆不成功，又改为正注。

5：00 已注入 120m³，套压 16MPa、立压 11MPa。

6：50 注密度为 1.60g/cm³ 的储备重浆 25m³，立压降至 0MPa，套压 10MPa。

10：20 关井观察（立压 0MPa，套压 9MPa）。

11：40 正注密度为 1.47g/cm³ 的重浆 25m³，立压 0~2MPa，套压降至 0MPa。

26 日 17：27 采取每隔 30min 吊灌补充环空液面，共灌入重浆 50.2m³，每次向井内灌浆时，放喷口均有泥浆返出，火焰 1m 左右。

26 日 17：27 开泵，用密度为 1.37g/cm³ 的钻井液，泵冲 44~56 次，经液气分离器节流循环，排气口点火，火焰为橘黄色，高 3~5m 左右，立压、套压为 0MPa，分离器排液口返出钻井液密度为 1.26~1.35g/cm³, 罐面计量无漏失。

循环至 27 日 17:10, 进出口钻井液密度均匀, 为 1.44g/cm³, 循环过程中液气分离器出口没有气体燃烧。停止循环, 静止观察安全时间。在确保安全时间情况下, 开井起钻, 打捞井下落鱼。

从 27 日 17:10 停止循环, 至 28 日 23:00, 期间每隔 60~90min 向井口灌浆一次, 放喷口均有泥浆流出。3:30 焰高 0.2~0.3m, 4:20 焰高 0.2~0.3m, 6:20 焰高 0.2~0.3m, 其他时间无火焰。总计静止观察 30h(27 日 17:10~28 日 23:00), 该时间满足起下井内钻具要求。

11 月 29 日 3:20 起钻完, 起出钻杆 842.01m。钻杆断口距母接头 1.34m, 钻杆外观无明显缺陷, 壁厚 9.7mm, 内涂层完好, 断口端面占周长三分之一的部分较平直, 有径向刺痕, 表明 H_2S 从此处由外向内侵蚀, 三分之二部分为内高外低的斜裂口, 将起出的断裂钻杆送检分析结果为 H_2S 引起的氢脆。落鱼总长 3905.09m, 鱼顶位置井深 851.26m。

3. 井喷原因分析

(1) 该井为预探井, 对地层压力预测不准, 长裸眼, 遇高压气层同时出现严重井漏, 是典型的又喷又漏复杂压力系统, 处理难度大。

(2) 压井处理方法不当, 在伴随漏失情况下, 用常规钻井液节流循环试图排除溢流和重新建立环空液柱压稳溢流地层, 结果是漏层作为"短路点", 不仅使处理无效、储备浆消耗, 反而促使了溢流量的增加和上窜速度的加快, 从而形成较高的井口压力、增大了控制和处理难度, 特别是含硫天然气到达上部井段对钻具、井口设施构成直接威胁, 最终造成浅部井段钻杆氢脆断裂。

(3) 该井处于偏远地区高山之巅, 远离基地孤军作战, 交通运输和应急保障极为不便, 由于伴随井漏消耗较大, 后期处理遭遇重重困难。

4. 教训与认识

(1) 气层井漏后应采取"吊灌"技术, 有效地控制气体进入井筒, 控制其向上运移, 维持井内动压力相对平衡, 不能用常规节流循环。

(2) 气层井漏后一旦天然气进入井筒导致溢流、井涌, 不宜将井口压力关得过高。关井时间越长, 井内钻井液漏失越多, 井口关井压力越高, 应及时采取体积控制法泄压向井内挤注泥浆。

(3) 对气井喷漏同存的压井, 不能用常规压井方法, 应采用正循环堵漏压井技术、反循环堵漏压井技术、反推法堵漏压井技术等特殊压井技术。

(4) 对含有 H_2S 气体的井, 套管下入较深, 井口和套管承压能力较强, 可采用平推法将 H_2S 气体压回地层。

案例 5

YT3 井井涌

1. YT3 井基本情况

YT3 井是西北油田分公司部署在新疆塔里木盆地区块的一口重点探井，设计井深 6300m，由江汉油田 70627JH 钻井队承钻。井身结构为：13⅜in 表层套管×503.6m+9⅝in 技术套管×3996.8m+7in 尾管×(3835.2~5485.5)m+5⅞in 钻头×5524.81m，四开井口装置为：套管头+S+2FZ35-70+FZ35-70+FH35-70，2006 年 8 月 7 日 10：35 四开 Φ149.2mm 钻头钻至井深 5524.81m，井下发生严重漏失后出现溢流，井队及时发现溢流和关井。在控制井口的过程中，井口立压最高达到 38MPa，套压达到 16MPa。8 日 20：15 成功压井。YT-3 井井身结构如图 1-6 所示，YT-3 井井口装置如图 1-7 所示。

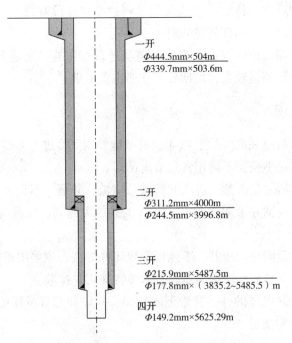

一开
Φ444.5mm×504m
Φ339.7mm×503.6m

二开
Φ311.2mm×4000m
Φ244.5mm×3996.8m

三开
Φ215.9mm×5487.5m
Φ177.8mm×(3835.2~5485.5)m

四开
Φ149.2mm×5625.29m

图 1-6　YT-3 井井身结构示意图

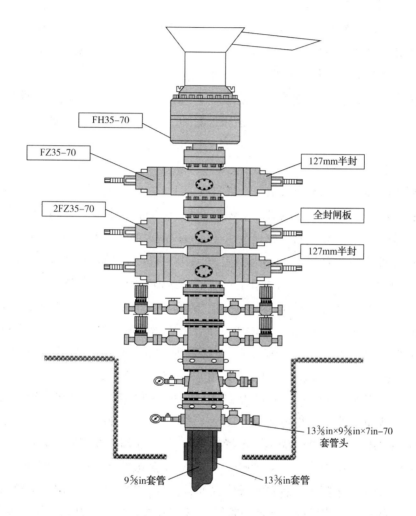

图 1-7　YT3 井口装置示意图

2. 井涌发生与处理经过

2006 年 8 月 7 日 10∶35 钻至 5524.81m 时，钻压由 80kN 下降到 0，泵压由 20.6MPa 下降到 17.1MPa，井段 5524.81~5526.11m 出现放空，钻井液有进无出，灌浆无泥浆返出，此时漏失泥浆 13.5m³，漏速无法测定。放空后起钻到套管内，汇报并等待西北局下步施工指令，11∶00~11∶30 起钻过程中漏失泥浆 21.5m³，平均漏速 43m³/h。14∶30 接西北局指令，要求下钻强钻 8~10m 后进行中途测试，等待指令过程中共漏失泥浆 60m³，平均漏速 30m³/h。17：10 下钻强钻至 5534.54m（强钻进尺 8.43m），强钻过程中共漏失泥浆 140m³，平均漏速 54.3m³/h。

停泵准备起钻到套管里，17：15 发现高架槽内有泥浆外溢，17：17 关井，套压 5MPa，立压 2MPa，溢流量 0.54m³。17：33 采用双泵从环空平推压井，平推量 10m³ 后，套压、立压均降为 0，泥浆密度 1.16g/cm³。17：37 开井观察，发现高架槽仍然有小股泥浆外溢，立即关井观察，套压 5MPa，立压 2MPa；19：35 立压、套压不变；20：50第二次环空平推压井，平推 32.55m³ 后，立压、套压为 0，泥浆密度1.16g/cm³；22：10 处理储备泥浆；22：45 考虑到钻具内外压差平衡问题，从钻具内平推 20m³ 密度为 1.16 的泥浆；22：47 开井观察，立压、套压为 0；23：02 井口溢流；23：06～23：10打密度为 1.29g/cm³ 的重浆 2m³；23：23 关井观察，立压为 0.3MPa，套压为 0；0：00 准备压井泥浆。

8 月 8 日 0：35～0：55 开泵正向平推密度为 1.16g/cm³ 的泥浆 15m³，套压、立压为 0 开井；1：10 开泵循环；1：29 打密度为 1.16g/cm³ 的泥浆 10m³；2：00 起钻至 5470.43m（套管内），起钻前打入密度为 1.29g/cm³ 的泥浆 2m³；4：30 停泵观察，有小股溢流，开井过程中共灌浆 18.83m³；4：35 关井，套压为 7MPa，立压 2MPa；5：05 节流放喷（主放喷管线），套压为 7MPa，立压为 28MPa；5：07 套压为 7.5MPa，关下旋塞无效，立压由 28MPa 上升至 38MPa；5：16 套压为 10MPa；5：20 套压 9.5MPa；5：34 套压为 12MPa；5：39 套压为 8MPa；5：40 倒换放喷管线，套压为 10MPa，立压为 28MPa；5：45 点火，套压为 16MPa，立压为 26MPa，应急中心消防队到井场待命，压井队伍准备并接压井管线，井队加长主放喷管线；7：24 套压 16MPa，立压为 26MPa；10：10 套压为 15MPa，立压为 25MPa；10：12 放喷管线火焰自动熄灭，放喷管线口出水夹少量天然气，井场监测无 H₂S 气体；10：34 套压 10.5MPa，立压 24MPa；11：15 套压 12MPa，立压 24.9MPa，继续接压井管线（从高压立管闸门处接钻具内压井管线）；11：50 套压 14MPa，立压 25MPa。各路应急队伍到井场，开始清理井场多余物品（清障），消防车喷水降温，各自做好应急准备。12：00 因后左方向的放喷管线离油罐等易燃易爆物品近，改换成右侧放喷管线。13：20 召开现场压井会，制定压井方案；14：05 压井准备工作；15：30 水泥车用密度为 1.47g/cm³ 的泥浆正向压井；15：30 正向压井结束，注浆 30m³，停泵时套压 12.2MPa，立压为 0；15：36 时套压上升到 13.9MPa，立压为 0；15：55 对压井管线试压 20MPa；16：21 开泵反向平推压井，同时为保证立压为 0，以备压井后换方钻杆下旋塞，水泥车以 0.2m³/min 排量从钻具内泵入泥浆，反向压井平推 140m³（密度为 1.47g/cm³ 的泥浆 60m³，油田水 30m³，密度为 1.16g/cm³ 的泥浆 50m³）；20：05 环空平推和钻具内平推同时停止（套压为 4MPa，立压为 0），节流放回水；20：05～20：10抢换接方钻杆下旋塞；20：15 时套压为 3MPa，立压为 0，压井结束。

3. 井涌原因分析

（1）发生漏失后，处理措施不当。一是发生漏失后，漏失的泥浆和地层内气体发生置换，气体进入井筒，井队未能及时堵漏，井内缺少泥浆、液柱压力不能平衡地层压力，加快了气体进入井筒的速度和运移速度。二是发生漏失等情况后，没有首先处置井下复杂情况，而是强行冒险钻进，没有把井控放在优先地位考虑，造成风险扩大。

（2）压井措施不当。一是采用平推法压井，平推量不够。发生溢流后两次从环空平推压井和一次正向平推压井，每次压井的泥浆量均没达到将侵入流体完全推回地层的目的，地面出现暂时平稳的表象。二是地层未压稳，起钻至套管内，起钻抽吸，导致气体进一步进入井筒，出现溢流。三是起钻时未向钻具内灌注重浆，加之溢流后采取节流放喷，导致钻具内掏空较多，气体大量进入钻具内并快速运移，出现过高的立管压力。

（3）思想麻痹，由于邻近的塔深1井和S88井在奥陶系一间房组实钻无油气显示，放松了对防喷工作的重视。井场没有储备足够数量的重浆，造成压井无足够的重浆；在入井钻柱中未安装钻具止回阀和方钻杆上旋塞，仅装的一只方钻杆下旋塞阀又在平时接单根时用作防喷泥浆工具，频繁开关使用导致关键时失效。

4. 教训与认识

（1）发生漏失，首先处置井下复杂情况，不能强行冒险钻进，要把井控放在优先地位考虑。气层井漏后应采取"吊灌"技术，有效地控制气体进入井筒，控制其向上运移，维持井内动压力相对平衡。

（2）对气井喷漏同存的压井，应根据情况采用正循环堵漏压井技术、反循环堵漏压井技术、反推法堵漏压井技术等特殊压井技术。平推法压井要有足够的压井泥浆量，将侵入流体完全推回地层。

（3）方钻杆下旋塞阀在平时接单根时不能用作防喷泥浆工具，防止其失效。

案例 6

楼浅 22 井井喷事故

1. 楼浅 22 井基本情况

楼浅 22 井是河南油田泌阳凹陷井楼背斜构造上的一口预探井，位于唐河县古城乡，设计井深 650m，完钻井深 235.46m，井口安装一套 2FZ35-21 型双闸板防喷器。该井由河南油田 40669 钻井队承钻，于 2005 年 10 月 10 日 1：00 一开，表层套管下深 104.28m，10 月 12 日 2：30 二开。

2. 井喷发生与处理经过

（1）第一次井喷及处理情况。

2005 年 10 月 12 日 2：30 二开钻进，钻头 $\Phi 216mm$，钻井液密度 1.42g/cm³，黏度 68s；井下钻具组合：$\Phi 216mm$ 钻头+430×410 接头+$\Phi 178mm$ 钻铤 1 根+411×410A 接头+$\Phi 215mm$ 扶正器+$\Phi 165mm$ 无磁钻铤 1 根+$\Phi 165mm$ 钻铤 11 根。5：10 钻至井深 122.13m 处，钻铤还没有接完（设计需接钻铤共 16 根），突然发生井喷，喷出大量钻井液、水、气，夹杂着细沙，井队迅速组织人员关井，5：20 观察套压为 0.65MPa。井喷后涌出的钻井液密度 1.37g/cm³，黏度 46s，气体监测为 100% 天然气，不含 H_2S。

经研究决定加重钻井液实施压井作业，配密度为 1.50g/cm³ 的钻井液 40m³。13：40 开节流阀，开泵实施压井，发现水眼堵死，憋压 20MPa 不通，泄压后关井，决定从环空压井。18：12 在关井状态下用水泥车先打入清水 800L 试挤（压力 1MPa，排量 400L/min），后挤入密度为 1.50g/cm³ 的重钻井液 6m³，泵压 1~1.5MPa。19：00 打完重浆，打开节流阀释放圈闭压力，关节流阀观察套压为 0，不涌，不漏，打开节流阀观察，也没有异常，第一次挤注压井成功。现场制定了起出钻铤的防抽吸、防喷措施和井深 122m 处的地层实际承压能力试验方案。

（2）第二次井喷及处理情况。

压井成功后，起出井内钻具。10 月 13 日 22：00，为了搞清楚套管鞋处的承压情况，下 $\Phi 127mm$ 光钻杆通井到底，循环处理钻井液观察后效，钻井液密度 1.48g/cm³，无后效反应，随后循环加重钻井液密度至 1.52g/cm³，静止观察 30min，确认无井漏和井涌现象，从而确定了在井深 122.13m 以上井段钻井液密度为 1.48~1.52g/cm³ 时井不喷、不漏，为下步钻进创造了条件。

10 月 14 日 21：20 钻至井深 235.46m 时，有放空现象，架空槽不返钻井液，发生井漏，漏失钻井液约 3m³，立即停泵，上提方钻杆观察。21：25 突然发生井喷，喷高 14~15m，迅速关井，关井套压由 1.25MPa 上升到 1.5MPa，为防止憋破地层，致使油气窜出地面，控制套压小于 1.5MPa，节流放喷。气体监测为 100% 天然气，不含 H_2S。节流放喷后，试关节流阀，套压稳定在 0.8MPa。

井喷险情发生后，勘探局应急指挥部制定了处理方案：①用现场已准备好的 20m³ 密度为 1.50g/cm³ 的重浆试压井，力求重建井下压力平衡。②配制密度为 1.50g/cm³ 的加重堵漏钻井液进行堵漏压井。10 月 15 日 2：32 开始试压井，首先打开节流阀，缓慢起动单凡尔泥浆泵三次，压入钻井液，目的是排出井内的天然气，防止天然气积聚爆炸，排出环空气体完毕后，连续打入密度为 1.50g/cm³ 的钻井液 15m³，井口返出钻井液密度为 1.50g/cm³。2：50 压井结束关节流阀，观察套压为 0，无溢流，第二次压井结束。

通过对压井数据和压井施工过程进行分析，认为此次井喷主要层位在下部（深度 230m）；第二次压稳，很可能是井垮封堵下部裸眼井段造成的压稳假象，应谨慎处理裸眼段，并制定相应方案。

（3）第三次井喷及处理经过。

第二次压井成功后活动钻具，按预定方案配密度为 1.50g/cm³ 的堵漏钻井液 25m³ 处理下部裸眼段。10 月 15 日 10：17 配浆完。10：43 倒闸门做好准备工作，开泵循环约 1min，井口返出少量钻井液。10：46 突然井喷，喷高 24m，喷出物为液、气夹碎石砂，迅速关井，节流放喷，气量大，喷势猛，套压达到 1.5MPa 仍上升，控制套压 0.8MPa 放喷卸压，至 11：26 试关节流阀，套压 0.95MPa 逐渐升到 1.08MPa。气体监测为 100% 天然气，不含 H_2S。

第三次井喷发生后，钻井公司立即启动井控二级应急预案，所属各单位及勘探局、相关二级单位、地方政府部门按预案赶赴现场待命。现场应急处置小组根据井下实际情况和地面条件，制定了封井方案，并报请勘探局和分公司领导同意后实施，施工过程如下：

① 打堵漏泥浆压井。

17：54~18：32 多次控制套压边排气边注入密度为 1.50g/cm³ 的堵漏钻井液 20.1m³，返出流体密度由 1.10g/cm³ 上升到 1.21g/cm³，为钻井液和水的混合物。

② 用 50T 水泥填井。

18：35~18：42 注入清水（隔离液）0.2m³，返出密度 1.20g/cm³ 的钻井液和水的混合物。

18：43～19：15 注入水泥浆 22m³，水泥浆密度最大 1.58g/cm³、最小 1.46g/cm³、平均 1.52g/cm³，返出物由密度为 1.20m³ 的钻井液和水的混合物逐渐转变为密度为 1.43g/cm³ 的水泥浆。

19：16～19：28 注入重水泥浆 8m³，水泥浆密度最大 1.91g/cm³、最小 1.84g/cm³、平均 1.86g/cm³，返出密度 1.44～1.52g/cm³ 的水泥浆。

19：30 替清水 1m³，停泵，井口无返出，观察套压为 0，关井，在候凝过程中监测，套压为零，液面不降，封井成功。

3. 井喷原因分析

（1）发生井喷事故的主要原因是地质设计不合理，地质设计部门没有预测到井楼地区存在的高压浅气层。

（2）第一次井喷发生后，虽然勘探局各级领导都引起了高度重视，但是在以后的钻井过程中，没有进一步分析可能会再一次发生井喷，从而使井喷再次发生。

（3）钻井队虽然预测到可能会再次发生井喷，但是没有预测到井下会发生井漏等复杂情况，是井喷再次发生的又一原因。

（4）坐岗落实不到位，没能及时发现溢流预兆。

4. 事故教训

（1）井场距离民房及高压线过近，防喷管线出口冲向村庄，以至发生井喷后无法点火放喷。

（2）对有浅气层存在的地区，地质设计应对可能出现的浅层气进行预测，提醒钻井施工人员引起重视。

（3）加强对新工人的井控意识和技能培训，强化防喷演练，做到班自为战、人自为战。

（4）认真落实井控岗位责任制，做到及时发现溢流及时关井。

案例 7

新文 33-79 井溢流事故

1. 新文 33-79 井基本情况

新文 33-79 井位于文留构造南部文 33 断块，是一口双靶定向井，由中原油田钻井四公司 32811 队施工，目的层原始地层压力系数为 1.25~1.35，设计钻井液密度为 1.35~1.45g/cm³。该井于 2002 年 6 月 8 日一开，6 月 10 日下入 Φ339.7mm 表层套管固井，6 月 24 日用 Φ215.9mmPDC 钻头+Φ165mm 单弯双扶螺杆双驱复合钻进，为了提高钻井液润滑性，边钻进边向钻井液中混入原油，混油过程中发生溢流，发生溢流时井深 2791m，钻井液密度 1.49g/cm³。井身结构如图 1-8 所示。

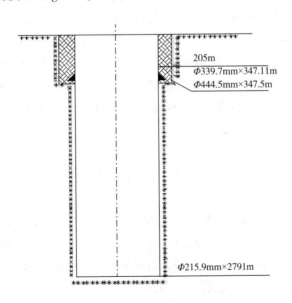

205m
Φ339.7mm×347.11m
Φ444.5mm×347.5m

Φ215.9mm×2791m

图 1-8　新文 33-79 井井身结构示意图

井口装置：FH35-21+FZ35-21。

井下钻具组合：Φ215.9mmPDC+Φ165mm1 度单弯双扶螺杆+Φ158mmNMDC×1 根+

Φ127mmHWDP×18 根+Φ127mm 钻杆。

2. 溢流发生与处理经过

2002 年 6 月 24 日用 PDC 钻头+单弯螺杆双驱复合钻进，为了改善钻井液润滑性能，边加重边向钻井液中混入原油，当钻进至井深 2791m 时坐岗工发现溢流 3m³，立即关井，关井立压和套压均为 0MPa。循环除气，观察 30min，溢流又增加 15m³，关井，立压和套压仍为 0MPa。地面钻井液加重，等待压井。

关井后，立压和套压均为 0MPa。采用边循环边加重的方法压井，因 1# 罐电路短路起火而中止压井。整改好电路再次压井时钻具水眼堵，钻具上下活动困难，井下有垮塌征兆。将钻具起至安全井段，射孔，用等待加重法压井获得成功。

（1）边循环边加重法压井。

将地面钻井液加重，1# 罐密度 1.55g/cm³，4# 罐密度 1.60g/cm³，关防喷器，两节流阀全开，在未节流的状态下边循环边加重向井内注入加重钻井液，因返出的油、气、钻井液飞溅引起 1# 罐电路短路起火而中止压井。共注入加重钻井液 72m³，循环排量 30L/s，加重钻井液平均密度 1.57g/cm³。关井套压 2.0MPa，立压 1.0MPa。

（2）起至安全井段、射孔。

整改电路，挖排污池，配制加重钻井液并混入堵漏剂，共配制密度 1.60g/cm³ 的加重钻井液 120m³。其间立压升至 3.0MPa，套压升至 4.0MPa，为防止憋漏地层控制放喷，保持套压在 4.0MPa 范围内。整改好电路再次压井时，单凡尔开泵钻具水眼堵，憋压 18MPa 不通，活动钻具发现卡钻，开井强行活动钻具解卡，但上提下放还是困难，强行起出 17 根钻杆，遇卡现象解除，钻井液增加 25m³。关环形防喷器，调节减压调压阀，将控油压力调至 5.0MPa 继续起钻至 1741m，接方钻杆顶水眼 26MPa 不通，开井进行射孔作业，将射孔枪下至最下一根加重钻杆本体部位，点火射孔成功。起出射孔枪，接方钻杆准备压井。

（3）等待加重法压井。

地面配制密度为 1.63g/cm³ 的加重钻井液，压井排量 20L/s，10min 后立压开始缓慢上升，水眼又出现阻塞现象，改 10L/s 排量多次开泵，循环立压逐渐恢复正常，用此排量一直到压井结束。压井过程中，连续测量出入口钻井液密度，待入口密度降至 1.60g/cm³ 时，关井待重新配制好加重钻井液后再开始压井。因本井只下了 347m 的表层套管，为了防止套管鞋处压漏，根据先期压井和放喷情况，判断溢流开始时为油气，已排出地面，后侵入的流体为地层水。因此，节流时未考虑气体上升膨胀的影响，将套压控制在 4.0MPa 以内，随着加重钻井液在环空中上升，控制套压逐渐降低。压井共泵入密度 1.63g/cm³ 的加重钻井液 192m³。出口密度从 1.27g/cm³ 升至 1.61g/cm³，开井，井口不外溢。

起钻，简化下部钻具结构。起钻时前 6 柱钻具上提井口外溢，钻具静止，井筒液面不动。第 7 柱后井口不外溢，但井筒液面不下降。采用方钻杆灌浆 4 次后，环空中可以灌钻井液。下钻至井深 2600m 遇阻划眼，进口密度 1.634g/cm³，出口密度 1.57g/cm³，划眼过程中地层一直出水，将进口密度逐步加至 1.70g/cm³，出口密度保持为 1.60~1.65g/cm³，划眼到底后保持进口密度为 1.70~1.72g/cm³ 恢复钻进，直至钻完设计井深。

3. 溢流原因分析

（1）未执行井控操作规程，思想麻痹。从 2778m 至 2791m 共出现 9m 快钻时（为正常钻时的 1/4），未进行循环观察，在井内压力失衡状态下将大段高压层钻开。

（2）钻进时钻井液密度为 1.49g/cm³，而在 6 月 24 日 11：00 和 11：30 泥浆工两次测得出口钻井液密度为 1.46g/cm³ 均未汇报，未能及时采取措施，使油、气侵进一步加剧，发现溢流关井时出口钻井液密度已降至 1.02g/cm³。

（3）地质预告不准。该井地质预告地层压力系数为 1.25~1.35，以原始地层压力系数为设计依据。而通过大量的实钻资料证实，文 33 断块地层动态压力很高，实钻钻井液密度都要高于设计钻井液密度，一般都在 1.60g/cm³ 以上。在该井钻开油气层前验收时，甲方监督专门强调该井最高钻井液密度不得超过设计密度。

（4）长期高压注水，地下压力紊乱。该区块注水井多，且多为高压增注井，各层系间注水压力窜连现象导致地层压力紊乱。

4. 事故教训

（1）钻具水眼不通，起至安全井段射孔压井，要注意以下几点：一是根据溢流类型、溢流大小、关井立压和套压对起钻过程中可能造成的井下情况进一步复杂化要有正确的判断和相应的应对措施，不能蛮干。二是钻具起至安全井段即可，即以井内尽可能多留钻具为原则，以利于压井。该井 2430~2515m 为沙一段盐地层，定向造斜点在 2400m，钻头起至沙一段盐顶部即可实施射孔，不必起至 1741m。三是射孔后要有内防喷措施。该井考虑用随钻循环头密封电缆与钻杆环空，但不配套，所幸的是射孔后没发生内喷。

（2）进入油气层中钻进，下部钻具结构中一定要接入钻具旁通阀，特别是井下带有螺杆钻具时，更应引起重视。因为螺杆钻具较常规钻具更容易堵水眼。该井就是一个典型的例证。

（3）合理的井身结构是保障井控安全的重要条件。该井只下了 347m 表层套管，套管鞋处破漏压力很低，且该区块地层压力系数高，油气比高，该井井身结构不能满足井控安全的要求。

（4）该井钻井液密度设计与实际相差甚远，钻井、地质设计缺乏区域动态资料调查，以至设计脱离实际，给钻井施工带来不应有的风险和困难。

案例 8

楼 1122 井井喷事故

1. 楼 1122 井基本情况

楼 1122 井是河南油田泌阳凹陷井楼背斜上的一口资料评价井，位于唐河县古城乡井楼村，设计井深 429m，完钻井深 461m，井口安装 FZ35-21 单闸板防喷器。该井由河南油田 104 钻井队承钻，于 2002 年 1 月 17 日 21：15 一开，表层套管下深 105.87m，1 月 19 日 18：20 二开。

2. 井喷发生与处理经过

该井于 2002 年 1 月 24 日 6：30 下油层套管完，等固井至 18：50。中途和固井前多次循环，钻井液密度为 1.45g/cm³，一直正常，18：55 固井注入 3.8m³ 清水洗井（做隔离液），然后用 1.86g/cm³ 的低密度水泥浆作前置液，19：10 突然发生井喷，喷至转盘面以上 1.5m，约过 5min，变为井涌，涌出的全是清水，最大井涌量 150m³/h。发生井涌后，强行接一根钻杆入井，接方钻杆关井，控制套压和立压，配密度为 1.45g/cm³ 的重浆 30m³，打入井内后，套压由 0.9MPa 下降为 0.3MPa，压井成功，然后进行二次固井。

3. 井喷原因分析

（1）固井前空井时间过长，井下发生气侵，使井底压力降低。

（2）由于井较浅，固井时注入清水太多，造成井内液柱压力下降，从而不能平衡地层压力。

（3）该井位于井楼油田 I 区，旁边 500m 左右的一口井于 2001 年 5 月发生井喷，此区处于易喷易涌区。

（4）固井作业人员没有经过系统的井控培训，对固井过程中发生溢流没有预见性。

4. 事故教训

（1）浅层油气井固井设计中应进行液柱压力计算，并根据计算结果确定前置液用量，避免盲目施工。

（2）钻井队人员应与固井人员一起分析固井过程中可能发生溢流的风险，提醒固井人员严格按照固井作业时的井控技术措施进行固井。

（3）固井人员应进行井控培训，掌握固井过程中的有关井控技术措施，可能发生的溢流预兆等知识，预防固井期间井喷的发生。

案例 9

安 82 井井喷事故

1. 安 82 井基本情况

安 82 井是河南油田泌阳凹陷安棚区块的一口生产井，位于河南省桐柏县安棚乡倪岗村，设计井深 3399m，实际井深 3449m，井口安装 2FZ35-35 双闸板防喷器。该井由河南油田钻井公司 4570 钻井队承钻，于 2000 年 8 月 29 日 20：45 一开，设计表层井深 202m，表层套管实际下深 201.75m，9 月 2 日 8：00 二开。

2. 井喷发生与处理经过

该井于 2000 年 10 月 17 日 17：45 钻至井深 2986.02m 出现井涌，之后钻井液密度提高至 1.52g/cm³ 才平衡住地层压力。11 月 9 日钻至井深 3271.91m 起钻换钻头，17：55 起钻至井深 2333.00m 时发生卡钻。11 月 18 日先后采取浸泡解卡剂、降低钻井液密度等措施进行解卡，钻井液密度最低降至 1.22g/cm³，18 日 18：10 解卡，19 日 4：00 循环观察和停泵观察均无异常，10：40 起钻完成。

11 月 20 日 3：00 下钻至 2263m 处开始划眼，3：15 方钻杆方入划完后（井深 2274.32m）发现有溢流，司钻上提钻具，停泵，在钻杆接箍提离转盘面 0.5m 时突然发生井喷，气体带着钻井液喷至二层平台以上。井喷发生后，立即打开节流通道，关防喷器，因气量大，未关节流阀，钻井液直接经回收管线至锥型罐，此时立压 1MPa，钻井液入罐后发出很大的响声，并伴有大量的气泡，浓浓的油味，遂倒好闸门进行边循环边加重作业，至 13：30 加重循环处理钻井液密度至 1.40g/cm³，为彻底排气进行分段下钻（段长 4 柱）循环加重，至 22：30 下钻至井底 3271.91m，钻井液密度 1.41g/cm³，循环观察和停泵观察均无异常，压井结束。

3. 井喷原因分析

（1）负压解卡后，尽管循环和停泵观察未见异常，但并未平衡住地层压力。

（2）起完钻空井时间长达 12h，造成气侵时间长，并积聚成气柱，划眼时开泵循环加速气体运行，引起井喷。

4. 经验和教训

（1）对之前已经出现过溢流、井涌的井，应慎用负压解卡法解卡；在解卡后应及时调整钻井液密度，确保井下安全后方可起出钻具。

（2）加强生产组织与协调，减少中停时间，特别是油气活跃的井，起完钻后应立即组织下钻，下钻过程中应采取分段循环的方法。

（3）加强坐岗，及早发现溢流。

案例 10

高 7-3 井井喷失控着火事故

1. 高 7-3 井基本情况

高 7-3 井是冀东油田高尚堡构造上的一口开发调整井,由冀东油田设计,江汉油田 4565 钻井队承钻。该井设计井深 3621m,设计钻井液密度 $1.29g/cm^3$(三开后井队申请提高密度至 $1.38g/cm^3$,甲方批准施工密度为 $1.35g/cm^3$,井身结构为:$13\frac{3}{8}$in 表层套管×127m+$9\frac{5}{8}$in 技术套管×2065.88m+$8\frac{1}{2}$in 钻头×3388m。井身结构如图 1-9 所示,三开井口装置为 2FZ(当时代号 KPY)23-35 如图 1-10 所示,1998 年 2 月 12 日该井在处理溢流过程中发生井喷失控着火。

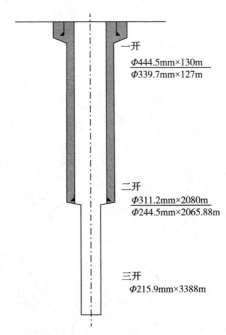

一开
$\Phi444.5mm×130m$
$\Phi339.7mm×127m$

二开
$\Phi311.2mm×2080m$
$\Phi244.5mm×2065.88m$

三开
$\Phi215.9mm×3388m$

图 1-9 G7-3 井井身结构示意图

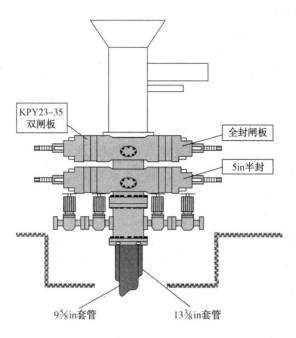

图 1-10　井口装置示意图

2. 失控着火发生与处理经过

1998 年 2 月 11 日 9：30 钻至井深 3362m，接单根时，发现井口有少量外溢，井内钻井液密度为 1.35g/cm³，9：30~10：30 加重晶石 15t，提钻井液密度至 1.41g/cm³，无外溢，恢复钻进。

2 月 11 日 19：20 钻至井深 3384m，钻时 45min/2m，3384~3386m 钻时 7min/2m，3386~3388m 钻时 3min/2m。钻时加快后立即停钻循环观察，19：35~19：45 外溢钻井液量 4m³，停泵观察时在 4 号罐加重晶石 15t，配密度 1.62g/cm³ 的钻井液 25m³。

19：45~20：20 将 25m³ 密度为 1.62g/cm³ 的重浆打入井内，循环返出钻井液涌出转盘面，停泵，关防喷器，立压为 0，套压上升至 16MPa。开节流阀，节流循环排量 28L/s，泵压 10MPa，节流套压 5~8.5MPa。

20：20~21：35 加重泥浆，节流循环，加重晶石 20t，进口钻井液密度未测，返出密度由 1.40g/cm³ 降至 0.8g/cm³，因井场重晶石加完，停泵关井。

21：35~23：30 送重晶石 150t，在 4 号罐配 1.70g/cm³ 的钻井液 25m³。此时套压由 0.2MPa 上升至 8.5MPa，发现井口周围冒气泡，决定向井内打入重浆。

23：30~23：50 泵入密度 1.70g/cm³ 重浆 25m³，控制套压 5~6MPa，当替密度为 1.40g/cm³ 的钻井液 5m³ 时，井口一声巨响，钻井液全部从井口周围返出，此时，立压 6MPa，套压 5MPa。

11 日 23：50~12 日 1：30 井口较平稳，等重晶石。

1：30～3：00 井口喷气逐渐增大，准备接压井管线。

3：00 井口着火，井口周围地层塌陷埋掉钻机。

3. 失控着火原因分析

（1）在开发区钻调整井，钻开油气层前未采取相应的停注泄压措施，受注水影响，形成异常高压。

（2）钻井液密度设计不合理。在老区钻调整井时，没有考虑原始的地层压力已经改变而导致设计的钻井液密度偏低。设计钻井液密度为 $1.29g/cm^3$，三开后该井曾发生过溢流，井队申请提高密度至 $1.38g/cm^3$，甲方批准施工密度为 $1.35g/cm^3$，思想麻痹，未引起足够的重视。

（3）处理措施不当。一是钻遇快钻时未及时停钻观察，快钻时打了4m多才停钻循环观察。二是发现钻井液外溢量达 $4m^3$ 时未及时关井求压，而是停泵观察，在 $4^\#$ 罐加重晶石配钻井液。三是压井方法错误，在开井状态下将 $25m^3$ 密度为 $1.62g/cm^3$ 的重浆打入井内，重浆量不够，致使侵入井内的气体在环空无控制情况下加速上返，发生井喷。

（4）关井太晚，关井套压过高，导致套管损坏。在关井等候加重料中，由于井内气体"带压运移"，未采取放压措施，致使井内压力升高引起套管进一步破坏失效，导致地下井喷，憋漏地表造成地面塌陷埋掉钻机。井喷后喷出物撞击井架底座导致天然气爆炸着火。

（5）放喷管线只接出井口，由于受周围环境的影响（养虾池），不能放喷。井喷后抢接放喷管线时，又缺少弯管，未能接好，不能放喷降低井口压力，延误了时机。

4. 教训与认识

（1）调整井的地层压力受注水井、采油井的影响而改变，钻调整井设计钻井液密度时应考虑注、采井的影响。调整井应指定专人按要求检查邻近注水、注汽井停注、泄压情况。

（2）钻遇快钻时，进尺应不超过1m，并进行溢流检测。

（3）要充分认识气体溢流对井内压力的影响。关井后，由于气体在井内上升而不能膨胀，井口压力不断上升，有可能超过最大允许关井极限套压，应采取立管压力法或体积控制法等井控方法放压。

（4）井场储备的加重材料不够，压井方法不正确，浪费了加重钻井液，延误了战机。

案例 11

川丰 175 井井喷事故

1. 川丰 175 井基本情况

川丰 175 井位于四川省绵阳市，是以丰谷构造须家河四段中下部油气层为目的层的一口直探井，设计井深 3900.00m。该井由原地矿部西南石油局第十一普查勘探大队第七钻井队承担钻井施工任务，于 1994 年 5 月 15 日开钻，1995 年 4 月 19 日钻达井深 3919.86m 发生井喷事故，4 月 23 日完井。井身结构如图 1-11 所示。

井口装置为：TFZΦ339.7mm×Φ244.5mm×Φ177.8mm-70MPa 套管头+钻井四通+2FZ35-70 双闸板防喷器（半封+全封）+FH35-35 环形防喷器。节流压井管汇均为 70MPa。

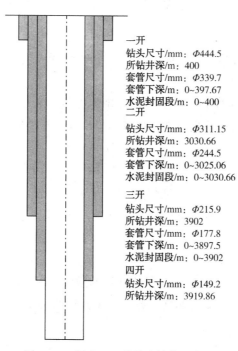

一开
钻头尺寸/mm：Φ444.5
所钻井深/m：400
套管尺寸/mm：Φ339.7
套管下深/m：0~397.67
水泥封固段/m：0~400

二开
钻头尺寸/mm：Φ311.15
所钻井深/m：3030.66
套管尺寸/mm：Φ244.5
套管下深/m：0~3025.06
水泥封固段/m：0~3030.66

三开
钻头尺寸/mm：Φ215.9
所钻井深/m：3902
套管尺寸/mm：Φ177.8
套管下深/m：0~3897.5
水泥封固段/m：0~3902

四开
钻头尺寸/mm：Φ149.2
所钻井深/m：3919.86

图 1-11　川丰 175 井井身结构示意图

2. 井喷发生与处理经过

1995 年 4 月 19 日 16：10 换钻头下钻到底正常钻进，23：56 坐岗工人发现溢流量 0.32m³ 上钻台报告司钻，司钻立即停止钻进实施关井，24：00 关井，溢流量 2.36m³。4 月 20 日 0：20 求得立压 7.0MPa，套压 18.2MPa。0：20 打开液动平板阀和节流阀，套压为 0，经三次开泵憋压、泄压(憋压值分别为 18.2MPa、19.6MPa、21.0MPa)，仍未憋通，泄压结束后泥浆泵回浆管线再无泥浆流出，1：03 开防喷器，卸方钻杆，投球，憋压 24.0MPa 旁通阀未打开，未能建立循环。分析认为井壁垮塌埋钻导致无法建立循环，只要起出一柱钻杆则钻具全部处于 Φ177.8mm 套管内就有可能建立循环，实施压井作业。1：35 卸开方钻杆，钻具内无泥浆溢出，将方钻杆放入鼠洞，上提钻具 4m 左右，钻杆内往外喷浆，立即下放钻具，多次抢接回压凡尔和方钻杆失败，2：13 喷出纯气，发生井喷事故。在此期间，钻具旁通阀钢球也被喷出。

勘探局和大队领导迅速赶到现场，成立了抢险指挥部，制定了抢险方案。抢险方案主要内容是：切断一切火源，消防队对准气柱喷水防止着火爆炸；疏散井场周围 500m 范围内的当地居民，由武警战士负责警戒，防止居民返家用火；在钻杆上抢接旋塞阀控制井喷。

4 月 20 日 19：10~19：40 抢接旋塞阀，19：45 关防喷器，井口得到有效控制。

随后，采用清水压井，观察井口溢流，利用从灌满清水到井口再次发生溢流的 5h 左右时间，在防喷器组上安装采气树，坐钻杆悬挂器，钻杆采气完井。

3. 井喷原因分析

(1) 两次卸开方钻杆后，钻具内未溢流，导致判断失误，未在起钻前接上回压凡尔是造成井喷的直接原因。

(2) 当时井控培训尚未完全普及，只有井队长和技术员进行了井控培训，而司钻和操作人员未进行井控取证培训，现场处置不当是造成井喷的重要原因。

4. 事故教训

(1) 压井时遇到循环不通等复杂情况时，井队应控制套压在允许的关井套压范围内，等待钻井公司技术人员到现场确定压井方案后再实施压井。

(2) 进入气层钻进，在钻具组合中近钻头位置接上钻具止回阀能有效避免钻具内井喷失控。

(3) 不断完善井控装备，尤其是配备可靠的溢流监测报警设备，而不是完全依靠人工监测溢流，是及时发现溢流实施关井，避免井喷的必要措施。

案例 12

王四 12-2 井井喷失控着火事故

1. 王四 12-2 井基本情况

王四 12-2 井位于湖北省潜江市境内，是江汉油田王场构造上的一口老区调整井，设计井深 2050m，目的层为下第三系潜江组四段，由江汉钻井 32326 钻井队施工。该井于 1989 年 8 月 22 日开钻，井身结构：13⅜in 表层套管×96.68m+9⅝in 技术套管×1032.66m+8½in 钻头×1481.22m，井身结构如图 1-12 所示。三开井口装置为 2FZ（当时代号 KPY）23-35，放喷管线未接出井场，回收钻井液管线接在 4 号罐上，井口装置如图 1-13 所示。井喷时钻具组合：8½in 钻头+7in 钻铤 77.58m+6¼in 钻铤 79.03m+5in 钻杆+4½in 方钻杆，钻头喷嘴尺寸 $\Phi14+\Phi11+0$；井内钻柱未带钻具止回阀，方钻

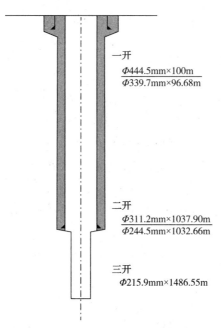

一开
$\Phi444.5mm×100m$
$\Phi339.7mm×96.68m$

二开
$\Phi311.2mm×1037.90m$
$\Phi244.5mm×1032.66m$

三开
$\Phi215.9mm×1486.55m$

图 1-12　王四 12-2 井井身结构示意图

杆未装上、下旋塞阀。1989 年 9 月 16 日，三开钻进至井深 1481.22m、下第三系潜江组三段高压泥岩裂缝型油气层时发生井喷失控着火事故。

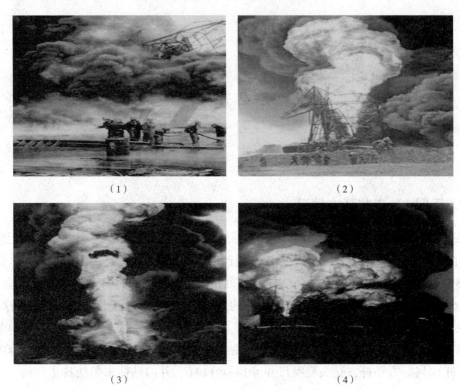

<table>
<tr><td>（1）</td><td>（2）</td></tr>
<tr><td>（3）</td><td>（4）</td></tr>
</table>

图 1-13　四 12-2 井井喷图片

2. 失控着火发生与处理经过

（1）事故发生经过。

1989 年 9 月 16 日凌晨正常钻进中，4：00 交接班（四班两倒制），井下情况正常。

4：11~4：28 接单根（井深 1481.22m），未发现异常情况。

4：40 司钻将刹把交给内钳工（农民协议工），离开钻台到材料房去锯旋扣用白棕绳。

4：55 值班泥浆工舀钻井液时发现液面有少量油花和气泡，经测量发现，钻井液密度由 1.31g/cm³ 降至 1.30g/cm³，黏度由 51s 升至 63s，泥浆工将这种情况告诉了当班地质工和净化工，地质工随即观察钻井液高架槽面和 1#、2# 循环罐，证实液面确有气泡，找司钻汇报，没找到。

5：05 槽面气泡增多，油气味浓，未做处理。

5：35 代替司钻扶钻的内钳工见泵压不正常，停钻检查，发现钻井液从井口喇叭口溢出，意识到发生溢流，立即鸣笛报警。司钻听到报警后，跑到井口，见钻井液外溢，立即上钻台接过刹把，指挥抢接钻具回压阀。卸方钻杆时大钳打滑，经 3min 卸开方钻杆后，井口钻杆内涌、喷钻井液。井口操作人员试图把回压阀直接装在井口钻杆上，因喷钻井液带压操作无法接上，接着采取将回压阀接到方钻杆下部再与井口钻具连接也未成功，抢装钻具内防喷阀失败，钻具内处于失控状态。在钻台上抢接回压阀的同时，钻台下的人员打开 2# 放喷阀、关闭半封闸板防喷器，控制了环空但未关井；柴油机工启动 3# 柴油机，停 1#、2# 柴油机，切断了机泵房电源，用水冷却柴油机排气管。

5：45 一声巨响，4# 循环罐处燃起大火，火势迅速蔓延，钻台人员放弃抢接钻具回压阀、撤离，大量油气从井口钻具内喷出，喷高超过井架天车。

5：47 井架二层平台附近着火，主火焰高达 45m 以上。因未关闭放喷阀，环空敞开放喷，油气溢满井场及周边，循环系统及机泵房等处燃起大火。

6：13 井架烧塌。

（2）事故处理经过。

① 第一阶段（9 月 16~18 日）：临时救急，解决水源，着力灭火，组织反循环压井。

井喷失控发生后，井队上报险情并组织抢出了井场氧气瓶、资料及发电机，打开储油罐盖子，关闭油管线闸门。油田局、公司领导赶到现场立即成立抢险指挥部，实施应急措施：一是组织消防车、水泥车向井口浇水，冷却井口，掩护突击队员接近井口工作。二是手动锁紧闸板防喷器，撤走防喷器远程控制台。三是在井场四周抢筑土围堤，控制喷出物扩散，防止火势蔓延。四是准备加重钻井液，抢接反循环压井管线。

9 月 16 日 10：47，打开 3# 闸门，抢关 2# 放喷闸门后，井口四通两侧法兰刺漏，引起井口火势增大，只好再次关 3# 闸门，无法实施反循环压井。9 月 16 日 17：00~20：00 试灭火未成功，防喷器周围金属物烧毁。9 月 17 日 0：23，转盘倾斜，钻机绞车下塌。

9 月 17 日 14：30~16：30 计划用密集水流推开火柱，到井口人工打开 3# 闸门，但因火势大，井口周围障碍多，消防车离井口又远，无法推动火柱，在大量水流冷却下，人能进到井口，但由于 3# 闸门被塌下的井架压住无法打开。

9 月 17~18 日，清除钻台外围障碍，增加水源，向井口铺设钻杆桥板，以便消防车靠近井口。

18 日 18：00~22：45，集中力量灭火，很快就将钻台以上的火扑灭，但钻台以下因未清障，灭火仍未成功。

② 第二阶段（9 月 19~22 日）：彻底清障，灭火，抢装井口，油井投产。

9 月 19 日 19：25，井架底座烧坏，转盘掉在防喷器上，环空喷势逐渐减弱，这对清除井口周围障碍很有利。9 月 21 日，环空停喷，钻杆仍在喷油气，但喷势有所减弱。据分析，这是裸眼井段井壁垮塌，自然堵塞环空所致。

更换 2#、3# 闸门（原闸门烧坏打不开），9 月 22 日上午，往环空试注水，因防喷器芯子烧坏漏水，无法反挤。

9月22日17：00～17：10，消防人员在前三次灭火不成功的基础上，集中力量一举扑灭了大火。紧接着利用40t大吊车在喷着油气的钻杆上抢装上特殊井口，18：20井喷得到控制，油气进站投产。

3. 失控着火原因分析

（1）缺乏井控知识，未及时发现溢流。当班地质工、钻井液工、净化工发现钻井液槽、循环罐液面上有油花气泡，但缺乏井控知识，不能正确地识别溢流，找司钻汇报未找到（当班司钻不在钻台），又未向副司钻或值班干部汇报，对已经发生的溢流没有引起重视，直到代替司钻的内钳工见泵压不正常，停钻检查，钻井液从井口溢出才凭经验判断要井喷，发现溢流为时太晚。

（2）坐岗制度不落实。没有专人观察井口及钻井液罐液面，未测溢流量，直到钻井液从井口溢出发生井涌才发现。

（3）地质设计未预告。井喷层位是地质设计以外首次钻遇的潜三段下部泥岩裂缝高压油气藏，距该井187～500m的多口油井都未发现这个层。

（4）岗位职责不严。内钳工学习扶刹把，正副司钻均离开钻台，值班干部在住井房睡觉。

（5）钻开油气层前钻具上未装止回阀。该油田自1970年开发以来，钻井已20年，密度已达11.7口/km²，该井周围钻井更密，已达30口/km²。思想上认为，在老区打井，对地下情况"熟悉"，钻潜三段时未在钻具上接钻具止回阀（也没有安装方钻杆旋塞），这是发生井喷失控的主要原因。

（6）发现溢流后处理措施不当。一是溢流发生后，当班司钻、值班干部及住井技术员发现井涌时没有立即按关井程序关井求压，而是卸方钻杆接钻具止回阀。当喷势增大，无法接上钻具止回阀时，也未抢接上方钻杆，现场人员缺乏处理紧急情况的应变能力，延误了时机。这是导致井喷失控的直接原因。二是配合不协调，关井程序错误。在钻台上的人员抢接回压凡尔的同时，钻台下的人员已打开2#放喷闸门，关了防喷器。

（7）该井原油中伴生气较多（气油比超过100m³/t），气体密度大（与空气之比值为1.4658），含重烃多，喷出后不易扩散，易在低空积聚爆炸燃烧，并与空气混合达到爆炸极限范围（图1-15）；放喷管线出口喷出物中的岩屑颗粒撞击金属罐壁引起火花或喷出流体因高速喷溅产生电荷，由于静电作用，可在与罐壁接触处放电，产生火花。这是造成着火和事故复杂的直接原因。

4. 教训与认识

（1）当班泥浆工、地质工、净化工均发现了槽面、循环罐液面有油花气泡等油气侵入及溢流显示,在未找到当班司钻后没有告诉钻台操作人员,也未继续跟踪钻进的显示和事态变化,即:既未进一步发现、报告溢流,更错失了在溢流初期进行有效处理的有利时机。

(2)钻进时钻具止回阀的作用是保护水龙带,而该井在当时的情况下水龙带可以承受其井口压力,因此在井涌情况下卸开方钻杆抢装钻具止压阀是盲目的、极其危险的。一旦卸开方钻杆,此时已形成井涌且喷势逐渐增大,抢接钻具止压阀非常困难。当喷势增大,无法接上钻具止回阀时,可抢接开着的旋塞阀或抢接上方钻杆等方法。

(3)岗位职责不落实,串岗、乱岗、脱岗,遇异常情况找不到当班骨干人员,延误了处理时机。

(4)放喷管线设计布置不合理,井喷后往 4# 循环罐放喷,造成 4# 循环罐最先着火。放喷时不能往循环罐放喷,应通过放喷管线往放喷池放喷。

案例 13

川岳 83 井井喷

1. 川岳 83 井基本情况

川岳 83 井是位于东岳庙构造上的一口勘探井,由地质矿产部西南石油地质局第二普查勘探大队 6014 井队承担钻探任务。该井于 1986 年 5 月 6 日开钻,1989 年 7 月 4 日完钻,完钻井深 4780m,完钻层位为飞仙关二段。1987 年 11 月 25 日钻进至井深 4723.46m 时发生井喷。井身结构如图 1-14 所示。

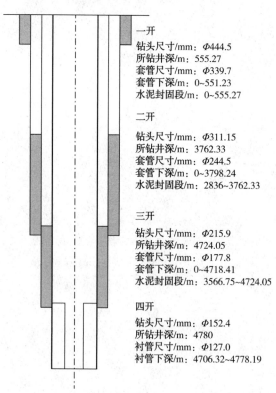

一开
钻头尺寸/mm: Φ444.5
所钻井深/m: 555.27
套管尺寸/mm: Φ339.7
套管下深/m: 0~551.23
水泥封固段/m: 0~555.27

二开
钻头尺寸/mm: Φ311.15
所钻井深/m: 3762.33
套管尺寸/mm: Φ244.5
套管下深/m: 0~3798.24
水泥封固段/m: 2836~3762.33

三开
钻头尺寸/mm: Φ215.9
所钻井深/m: 4724.05
套管尺寸/mm: Φ177.8
套管下深/m: 0~4718.41
水泥封固段/m: 3566.75~4724.05

四开
钻头尺寸/mm: Φ152.4
所钻井深/m: 4780
衬管尺寸/mm: Φ127.0
衬管下深/m: 4706.32~4778.19

图 1-14 川岳 83 井井身结构示意图

2. 井喷发生与处理经过

（1）发生经过。

1987 年 11 月 25 日 17：56 钻至井深 4721.00m 时，溢流量 1.5m³，槽面无显示，泥浆密度由 1.52g/m³ 下降到 1.46g/m³。继续钻进至井深 4723.46m，溢流量增加到 4.5m³，泵压由 11.77MPa 下降到 9.81MPa，钻时由 48min/m 下降到 27min/m 并伴有放空现象。19：30 停泵敞井观察，泥浆外涌，其间又涌出泥浆 10.5m³。19：45 关防喷器，19：55 套压上升至 1.37MPa，20：25 套压上升至 7.94MPa，节流循环 40min 后，喷势增大，21：52 套压上升至 18.12MPa，最高套压为 28MPa。

（2）井喷处理第一阶段：控制套压间隙放喷、循环压井，压井过程出现井漏。

11 月 27～30 日泵注 1.50～1.52g/m³ 低密度泥浆入井未能建立循环。12 月 1～7 日等待堵漏材料，期间每日向井内注浆两次。7 日堵漏浆配好后，开始注浆；20：05 钻具水眼被堵，采用高压憋通及在钻杆内下入 3000mΦ73mm 油管及中途测试解堵水眼未果，循环压井失败。

（3）井喷处理第二阶段：置换压井。

根据关井压力恢复曲线上由陡变得平缓时的那一点的压力即拐点压力来确定泄压井口允许的最低压力。但本井的拐点压力不清，压井前每次放喷后关井压力均在降低，其拐点压力在 20.6～21.5MPa 之间，本次压井取 21.5MPa 为控制置换井口压力。

第一次压井分 9 次共注入密度为 1.62g/m³ 的泥浆 32.5m³，在环空形成总的浆柱压力 19.7MPa。第 6 次注浆后的井口实际剩余压力与浆柱压力之和为 22.55MPa，高于拐点压力 0.98MPa。从第 7 次注浆前泄压，井口套压由 14.47MPa 迅速降至 0.86MPa 的情况分析，在第 6 次注浆后井内已经产生漏失，这说明漏层与气层压力较接近，且漏层对压力十分敏感。第一次置换压井因为井口控压较高致使井漏，压井失败，且压井泥浆未返到井口。

第二次置换压井泥浆密度 1.56g/m³，控制压力在 18.6～19.7MPa 之间，16 次共注入 33m³ 泥浆。实际注入泥浆所形成的浆柱压力总和与井口控制压力之和一般在 17.6MPa 左右，造成井底压力不能平衡地层压力，地层流体继续侵入井内；另一方面，密度为 1.56g/m³ 的泥浆返至井口，井口仍有压力，选择压井泥浆密度偏低，注入 30m³ 泥浆后的 8h 内井口控压在 21～42MPa 之间，此时井底附加压力为 20.2～22.3MPa，井口压力超过 4.2MPa 还要继续上升，由于分析井底附加压力大于 21.6MPa 井内就会漏失，且漏层压力与气层压力十分接近，置换压井无效。

（4）井喷处理第三阶段：环空压回法堵漏压井。

1988 年 3 月 27 日注入密度为 1.64g/m³ 的惰性堵漏浆 27m³、密度为 1.62g/m³ 的泥浆 150m³ 采用环空压回法堵漏压井。为减小施工压力，注浆施工前将井口压力由 13.9MPa 降为 10.3MPa。由于漏层位置不清，因此替浆时当堵漏浆从环空到达双级箍、

Φ244.5mm 套管鞋两处各静置 1h，再替时施工压力几乎不升高，压漏地层时井口压力为 15.0MPa，替浆堵漏完后井口还有 6.6MPa 套压。此后，间断泄压放气并注入少量泥浆，井口压力逐渐降为 0，压井成功。

3. 井喷原因分析

（1）在海相碳酸岩地层中钻进，缺少必要的地层压力资料及预测监测技术，是井喷的客观原因。

（2）现场人员对井喷风险估计不足，对溢流的相关认识不到位，发现溢流后没有及时关井，措施不当是导致井喷的重要原因。

4. 教训及认识

（1）在泥浆液面上涨、钻时加快甚至放空的情况下，仍然继续钻进，及随后采取敞井检查溢流的处理方式不当，导致溢流严重程度加大。

（2）关井后没求得立管压力，缺少选用正确压井泥浆密度的依据。

（3）压井过程出现漏失后，通过降低压井泥浆密度来建立循环的观点是错误的。

（4）储备应急所需的足够堵漏材料是很有必要的。因泥浆堵漏材料未到，没能及时实施堵漏压井作业。

案例14

文 13-73 井井喷失控着火事故

1. 文 13-73 井基本情况

文 13-73 井为中原油田文留构造东部文 13 断块的一口开发井。该井由中原油田钻井二公司 4526 队施工,设计井深 3550m。1987 年 1 月 26 日 4：30 第一次开钻,1 月 31 日第二次开钻,3 月 25 日第三次开钻。井身结构如图 1-15 所示。

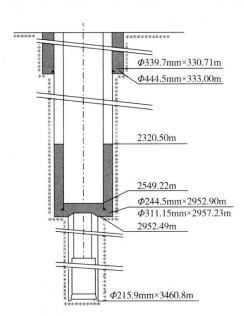

图 1-15　文 13-73 井井身结构示意图

井口装置：KPY23-350(双半封+环形)液压防喷器。

该井钻至井深 3436m 时,因盲目混油,造成井内液柱压力急剧下降,于 1987 年 4 月 11 日 11：30 发生强烈井喷,随后又因误操作,引起井喷失控。4 月 15 日 9：02,井内喷出物撞击井架底座引起火星,造成天然气爆炸着火,经 16 天 8 小时 2 分钟的抢险制服了井喷。

2. 失控着火发生与处理经过

文 13-73 井于 1987 年 4 月 11 日钻至井深 3436m，钻井液密度 1.86g/cm³，黏度 86s，井下摩阻较大。为改善井下复杂情况，决定对钻井液混油处理（混油前，既未加重钻井液，又没做有关计算，混油中没有控制混油速度），采取边混油边钻进的方法，在短暂的 1.5h，往井内先后混入饱和盐水 4.5m³、原油 24m³。混油期间，值班干部回宿舍吃饭，未安排人员监视液面变化。4 月 11 日 11：05，方钻杆打完，钻至井深 3459.38m，钻井液密度降至 1.72g/cm³。11：20 接好单根后，循环返出钻井液的密度已降至 1.67g/cm³，致使钻井液液柱压力远低于地层孔隙压力（地层孔隙压力系数为 1.76）。11：25 发生井涌，11：35 井喷喷高 10m 以上，在慌乱中，实习员在未开启节流阀且钻井液泵仍在工作的情况下，抢关防喷器，使套压从 5MPa 急剧上升至 22MPa，终将液动阀外法兰焊缝处放喷管线憋断，随后抢关上液动阀。11：37 工长等三人抢开司钻一侧 4in 高压闸门，由于井压过高，出口又是 90° 急弯头，在开启 5~6 圈后，这侧 4in 闸门外法兰焊缝又被憋断，造成全井喷失控。工长被打断的放喷管线击中，当场牺牲，另两人被气流推出，受重伤。高压油气流迅猛地从失控的井口喷出，整个井场被油气淹没。

事故发生后，油田立即成立了抢险指挥部。4 月 12 日，在抢险指挥部的统一指挥下，各路队伍纷纷奔赴现场，做好抢险的各项准备工作。为抢出牺牲的工长，突击队员们在 10 余支消防枪猛烈水射流的掩护下，逼近井口，于 12 日 17：20 将工长抢出。

4 月 13~14 日，通过地面高压管汇强行压井，先后两次分别压入 36m³ 和 154m³ 密度为 2.00g/cm³ 的钻井液，均无效果。由于压井排量跟不上喷量，且压井压力高达 28~30MPa，为防止水龙带、管汇等爆裂，出现更为复杂、危险的局面，决定放弃压井方案。

4 月 15 日 9：02，因井内喷出物撞击井架底座引起火星，导致天然气爆炸着火。9：15 井架烧塌，9：22 油罐爆炸，井场一片火海，设备被吞噬一光。

抢险指挥部根据进一步恶化的形势，制定两套抢险方案，一是迅速清障灭火，强换井口压井。二是利用邻井打救援井（后因井喷井塌，放弃救援井的施工）。

4 月 16~21 日，做全面清障的准备工作。由于该井油气层压力高（约 61MPa），油气同喷，井口中心温度高达 1400℃，火焰喷高约 47m，离井口 80 余米就灼热烫人，给抢险工作带来了很大困难。抢险组首先在 10000m² 的范围内筑起高 1.2m、长约 400m 的围墙，以放水冷却井口，在围墙四周开挖了深 1.5m 的循环水沟，利用邻近引黄支渠，并联了 6 台 2NB-600 钻井液泵及机组，保证给抢险作业提供充足的水源。在井场四周抢接了 2000m 以上的 Φ127mm 钻杆作为冷却供水主管线，同时突击制作了消防铁水枪、抓钩机和长气割枪等工具。

4 月 22 日，清障工作全面展开。原则是：统一指挥，带火清障，先易后难，先外后里，切拖结合，分项作业。在消防水枪的水幕掩护下，首先清除被烧毁的井架、钻具及外围活动房。

4 月 23 日，将油罐、发电房和液控系统等拖出。

4 月 24~26 日，因井塌，火势有所减弱。各抢险组抓住这一有利时机，在统一指挥下，加速清障。在此期间，除井口部分井架底座残骸外，全井清障工作基本结束。

4 月 27 日，火势进一步减弱，突击队在水力掩护下可以靠近井口。为此，抢险指挥部决定停止清障，强换井口。4 月 27 日 11：05，将旧井口拆除，11：10 装上准备好的新井口（KPY35-35 双闸板液压防喷器及四通），同时接上了控制管线和节流压井管线等，试关井一次成功。17：50~19：32，压井，井口压力基本无显示；实际灌入密度为 1.65~1.70g/cm³ 的钻井液 84m³，井口压力为 0，关井观察。至此，一场历时 16d8h 的严重井喷失控着火事故得以解除。

3. 失控着火原因分析

（1）混油方法错误。混油前，既未加重钻井液，又没做有关计算，混油中又没有控制混油速度，采取边混油边钻进的方法，使钻井液密度快速降低，是井喷发生的主要原因。

（2）关井方法错误。在未开启节流阀，且钻井液泵仍在工作的情况下，关防喷器，造成液动阀外法兰焊缝处防喷管线憋断，是井喷失控的直接原因。

（3）放喷管线中采用 90° 急弯头，为井队自己现场焊接，是井喷失控的重要原因。

（4）干部值班制度，坐岗观察制度不落实，是井喷失控的原因之一。

4. 事故教训

（1）高压油气井井控装备安装要严格执行相关标准，不准使用 90° 弯头，不能在现场进行焊接，放喷管线要进行试压。

（2）混原油、胶液、盐水等有可能降低钻井液密度的液体时，应先进行预加重，并在停钻循环的状态下，边混入边加重，边测量进口钻井液密度，在保证进口泥浆密度不降的前提下确定混入速度，确保混油过程中泥浆液柱压力不降。

（3）加强井控培训工作。加强井控培训，对钻井队干部及岗位工人进行井控知识的专业培训，使钻井工人掌握溢流的预兆、检测等井控知识，做到及时准确发现溢流，加强防喷演习演练，能按关井程序动作要求，协调配合，正确迅速地控制住井口，防止盲目误操作。

（4）认真落实坐岗制度。要有专人坐岗观察井口及钻井液罐液面。强化干部 24h 值班制度。

（5）钻开油气层前，应使用钻具内防喷工具。

案例 15

文 72-98 井井喷着火事故

1. 文 72-98 井基本情况

文 72-98 井是中原油田的一口一次开发井，位于文 72-2 井北偏东 532m。该井由中原油田钻井一公司 32781 队施工，于 1985 年 9 月 30 日 12：30 一开，10 月 6 日 8：00 二开，11 月 19 日用 Φ215.9mm 钻头三开；设计井深 3600m，钻探目的是落实文 72 块沙二下亚段和沙三中亚段的含油气情况。根据邻井资料该井地质分层（底深）是沙二上亚段 2900m，沙二下亚段 3200m，沙三上亚段 3500m，沙三中亚段 3600m，定深完钻。

钻井液设计密度：2900m 以上为优质轻钻井液，密度为 1.20g/cm^3；2900~3200m 钻井液密度为 1.40~1.45g/cm^3；3200~3600m 钻井液密度为 1.55~1.60g/cm^3；钻遇高压油气层提前 50~100m 加重钻井液，在油气层段钻遇快钻时要循环观察。钻至井深 2891.30m 发生井喷着火。

井口装置：35MPa 的双闸板液压防喷器，并配有 TYK160Z 型液压控制系统，三开前钻井队用钻井液泵进行防喷器试压 15MPa 不刺不漏。井身结构如图 1-16 所示。

2. 井喷着火发生与处理经过

1985 年 11 月 20 日 18：00 井队生产会安排要在 11 月 21 日 0：00~8：00 班边钻进边加重，在 2900m 以上密度提高到 1.40~1.45g/cm^3。故司钻接班后在继续打钻的同时组织当班人员加重，钻井液密度由接班时的 1.23g/cm^3 提到 1.29g/cm^3，钻到 4：00 时副司钻上钻台扶刹把，在 5：25 钻到井深 2886m 连续出现 6m 快钻时，钻时分别为 5min、5min、10min、5min、10min、7min。地质工在 5：45 捞取砂样时发现钻井液增多，循环罐外溢钻井液和井涌，马上告诉司钻，司钻立即上钻台上提方钻杆，同时通知机房停泵，当时方钻杆方余为 0.3m，当方钻杆下接头提出转盘面时，井涌泥浆顶出大方瓦，第一个单根出转盘面 4~5m 时已发生强烈井喷。6：02 喷高 20m 左右，司钻刹住刹把挂上钳头，此时大方瓦已喷出，无法坐吊卡，司钻立即组织加重钻井液，住井

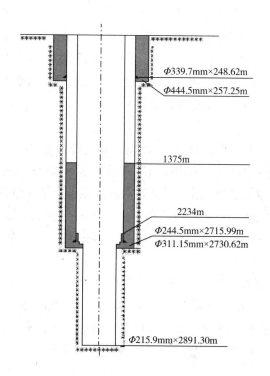

图 1-16　文 72-98 井井身结构示意图

干部钻井技术员马上打开液动闸，关液压防喷器，油压由 15MPa 降到 0，开后 0.5min 又升到 15MPa，又关时又降到 0，连续四次没关住，副司钻又关几次还是没关住。6：23 泥浆工在泵房加重时发现振动筛火光一闪随即钻台上起火，此时队长赶到井场，在失火的情况下又关防喷器，储能罐油压由 15MPa 又降到 0，当队长去关防喷器时方钻杆已溜入井内，闸板已失效。

11 月 21 日早上油田局、公司领导和有关人员赶到现场，8：00 时钻台上有一股火，火势很大，火苗高 8m；钻台下在灌钻井液管线处冲出一股火直喷井架大梁，喇叭口和防喷器连接法兰刺出一股火，直烧防喷器，喇叭口火势很大。当时风向是东北风，火烧的是西南方向井架大腿，人无法接近，井架随时有倒塌的可能。10：30 研究决定先拉倒井架，第一次用拖拉机拉东北角绷绳，绷绳被拉断井架未倒。第二次拉死绳固定方向绷绳，井架倒在 2 号大腿方向，随即组织力量清理井场，拖出油罐、发电房、机房柴油机、泵及倒塌井架。14：00 组织 8 部消防车进行灭火未成功，在 16：10 又进行第二次消防车灭火仍未成功。

11 月 22 日 12：40 又组织 15 部消防车灭火未成功。14：00 在消防水龙的掩护下开始清理钻台，拉下钻台上的杂物，15：50 把烧坏的钻机用两台拖拉机拉下钻台。由于井架倒塌，水龙头鹅颈管与由壬头的焊缝处被折断，从钻杆内喷出的一股天然气从鹅颈管的弯管处直扑钻台，火势很大，为使燃烧的气体向上喷，在消防水龙的掩护下气焊工在钻台上割掉两个鹅颈管法兰螺丝（还剩两个）时，套上钢丝绳拉鹅颈管两次都未拉断；在第二次向后拉时，使井架底座向后移动 30cm 左右，把防喷器与喇叭口的连接法兰拉偏，气体从法兰处向钻台前方刺去。当天分析决定将喇叭口和方钻杆割断，拖出井架底座，让火势集中向上喷再组织灭火换防喷器；研究试验带火切割方法。当天晚上探讨后定下两套方案：一是电弧气暴切割，人在 2m 以外操作。二是假如第一套方案不行则用电焊割断。

11 月 23 日 9：30 时，环空气量减少停喷，在消防水龙的掩护下割断大、小鼠洞以及井架底座拉筋和井口喇叭口。从防喷器下四通处接管线向环空灌水 70 余立方米，准备割断方钻杆。14：40 在防喷器上 0.3m 处割方钻杆，操作者站在离井口 2m 处的掩体内。17：03 从四通割透方钻杆随之有火苗喷出约 0.5m，但未全断。17：25 用拖拉机拖出井架底座，同时方钻杆断落。燃烧了 2d11h 的大火熄灭，天然气从井口喷出，气柱高约 5m。

11 月 24 日 11：40 换装 35MPa 全封式液压防喷器及放喷管线，接着打入密度为 $1.60\sim1.62g/cm^3$ 的钻井液 $40.5m^3$。15：31，历时 3d9h39min 的井喷着火彻底被制服。

本次井喷失火烧掉塔式井架一部，大庆 II 型钻机一台，水龙头、大钩、游动滑车、天车、转盘各一台，钻台工具一套，一号柴油机受到部分损害。

3. 井喷着火原因分析

（1）井队无井控安全意识，在钻遇快钻时的时候，不应继续钻进，应停钻关井观察。

（2）井队技术素质差，井口安装不完善，交接不清楚。表现在：

① 钻开高压油气层前钻井队没有进行井控学习和井控演习．井喷发生后，钻井队技术员、副司钻未能关住防喷器。当环空停喷以后发现上防喷器芯子卡着方钻杆，说明防喷器和液控管线是好的。

② 井队未能贯彻执行《井控条例》。地质设计 2900m 进入沙二下亚段高压油气层并提前 50~100m 加重，井队打到 2886m 的密度仅为 $1.29g/cm^3$，而地层实际提前 14m 进入沙二下亚段高压油气层，出现快钻时未及时停钻循环观察，无人观察井涌情况，没有及时关防喷器，最后导致井喷。

（3）防喷器和液控系统不匹配。由于液控系统容量小，在操作后油压下降幅度大，故工程公司管子站在安装时少装了一个控制头，防喷器下闸板未接，造成了操作失误一次。

（4）技术管理较差、岗位不严、不负责任。

① 钻井队在打开高压油气层前，生产会、井队长、井队工程技术员、井队地质员对在 2900m 以上将密度提到设计要求的 $1.40\sim1.45g/cm^3$ 都有过要求，但没有具体落到实处。钻至井深 2886m 时密度尚为 $1.29g/cm^3$。工程、地质都未严格把关停钻加重，

麻痹大意。

② 在出现快钻时时各岗位人员没有坚守岗位。无人观察油气侵，待地质工在5：54 捞砂样时才发现严重井涌，井涌量很大，再加上关井太晚，关井中又出现失误，随之引起强烈井喷。对井喷的先期预兆无人发现，管理上十分松懈。

③ 钻井公司、钻井大队对钻开高压油气层前的检查、技术组织的落实不认真，思想上不重视，公司对井队的具体要求不够明确，对防喷器试压操作方法没有使队上有关人员真正掌握。

（5）文南地区的文 72 块，断块复杂，油气层压力异常，是当时开发的新地区。该井队又缺乏打高压井的经验，思想上麻痹大意，是造成这次井喷的原因之一。

4. 事故教训

（1）钻开油气层前，安排生产必须落实井控安全工作，存在重大隐患时，要停止生产，消除隐患后再施工。

（2）加强地层压力及油气特点认识。钻开油气层前 50 ~ 100m，钻井液密度必须达到该井段设计的钻井液密度，否则不能钻开油气层，此项工作必须在钻开油气层验收时落实。

（3）要按标准安装防喷器。防喷器和液控系统配置要匹配。由于该井没有安装环形防喷器，液控系统又是老罗马，液压油容量小，在操作后油压降的幅度大，工程公司管子站在安装时少装了一个控制头，防喷器下闸板未接，造成关井失败。

（4）严格落实井控坐岗制度，在任何情况下，坐岗人员不得离开岗位。

（5）钻遇快钻时（正常钻时的 1/3 ~ 1/2）不超过 1m，必须停钻循环观察。

（6）高压油气井必须安装、使用标准化的防爆电路，安装可燃气体监测装置。

（7）应高度重视井控技术培训工作。井控技术培训是正确执行井控技术规定的基础工作，训练有素的人员是贯彻执行好井控技术规定的保证。井控技术培训是一项经常性、长期性的工作，必须本着重点在基层、关键在班组、要害在岗位的原则，分层次施教，要培训钻井队每个班组整体作战能力，真正做到班自为战，早期发现溢流，正确控制井口。

案例 16

下 6-11 井井喷失控事故

1. 下 6-11 井基本情况

下 6-11 井是河南油田泌阳区块的一口生产井，位于河南省泌阳县黄湾村，设计井深 1500m，井口未安装防喷器。该井由河南石油会战指挥部 32686 钻井队承担钻探任务，于 1980 年 8 月 7 日 4：30 一开，表层设计井深 53m，实际表层套管下深 49.87m；8 月 9 日 10：45 二开。

2. 井喷失控发生与处理经过

8 月 15 日 6：50 钻至井深 974m 时，发现架空槽返出钻井液中有油花气泡，钻井液密度由 1.07g/cm³ 下降到 1.02g/cm³，钻井指挥部要求井队停钻处理钻井液，并送去 16t 重晶石粉，而井队只卸了 5t，退回 11t。该队当天没有停钻加重处理钻井液，继续钻进。8 月 16 日 12：00 配重浆加重，钻井液密度提至 1.05g/cm³，仍发生溢流，但未引起重视继续钻进，16：00 发现钻井液油气侵十分严重，返出的钻井液 80% 为原油，此时钻井液密度范围为 1.00~1.03g/cm³。8 月 17 日 11：30~20：00 循环处理钻井液，加重晶石粉 14t，搬土粉 8t，钻井液密度提至 1.05g/cm³，井下发生漏失，漏失钻井液约 100m³，2h 后钻井液密度小于 1.00g/cm³。8 月 18 日 8：00~14：45 因无钻井液循环，起钻，14：45~18：00 空井等加重材料，18：00~20：05 配 60m³ 加重钻井液，23：10 发现井口出气，并有原油从架空槽流出，很快钻井液喷出，最高至天车 5m 以上，砂石撞击井架有火花出现。8 月 19 日 8：00 以后，出现间歇性井喷，喷出的原油增多，喷高 30~55m；停了两口注水井后，喷势逐渐减弱，利用井喷的间歇时间，往井内灌清水，见不到液面，井内还发出轰隆声，至 00：00 井壁垮塌停喷。井喷时间 35h14min，该井打水泥塞填井。

3. 井喷失控原因分析

（1）井控意识淡薄，在钻井液出现气侵、溢流的情况下仍不采取措施，盲目追求进尺，是造成这次井喷失控的直接原因。

（2）井口未装防喷器，发现溢流无法控制，造成敞喷，是造成井喷失控的主要原因。

（3）井身结构设计不合理，加重时出现"上吐下泻"现象。

（4）重浆和加重材料储备不足，造成压井工作不连续。

（5）处理井喷措施不当，在已经出现井涌的情况下仍空井等候。

4. 事故教训

（1）加强井控管理，强化井控管理手段。在出现气侵、溢流的情况下，井队仍拒绝接收加重材料连续多日强行钻进，指挥部应及时予以制止。

（2）应加强对井队的井控安全培训，切实提高井队个人的操作技能。

（3）按标准安装防喷器和配套设施，并进行演练。

（4）加大应急物资储备。钻开油气层前，应储备足够的重浆和加重材料，做到有备无患。

第 2 章

钻井起下钻过程中发生的井喷事故

案例 17

HF203 井井喷

1. HF203 井基本情况

HF203 井是西南油气分公司部署在川东北通南巴构造带上的一口开发定向井,位于四川省通江县涪阳镇陈河乡三村四社,设计井深 6013m,垂深 5133m。该井由胜利油田 70159 钻井队承钻,石油工程西南公司录井分公司 26 分队负责地质综合录井,仁智钻井液服务公司提供钻井液服务,石油工程西南公司固井分公司固井 3 队负责固井,成都欧美科公司提供水钻井液添加剂。2008 年 4 月 1 日开钻,2009 年 2 月 1 日完钻,完钻井深 6191m,垂深 4960.41m。2 月 22 日 20:00 下入 Φ177.8mm 尾管,井段为 3626.58~6191.00m,采用坐底倒扣甩尾管方式完井,回接筒顶部深度 3622.84m。2009 年 2 月 26 日 6:00,在钻完水泥塞起钻过程中发生溢流,3 月 1 日 19:00 压井成功。井身结构如图 2-1 所示。

2. 井喷发生与处理经过

2009 年 2 月 23 日 19:00 尾管固井结束,22:20 关井憋压 3MPa 候凝。关井憋压至 24 日 19:20 开井。25 日 3:00 起钻完,13:30 下入钻水泥塞钻具至井深 3160m 开始循环探水泥塞,15:30 下探至井深 3624m 遇阻,加钻压 20~40kN 试钻 10cm,循环至 18:00 起钻。

2 月 26 日 6:00 起钻至井深 254.25m 时,发现溢流 1.47m³。6:30 关井套压升至 6MPa,7:40 套压降至 1.5MPa,随即开井抢下钻杆。8:46 抢下 10 柱 Φ139.7mm 钻杆至井深 533.56m,溢流量逐渐增大,液面显示溢流量 8m³,停止下钻关井,套压迅速上涨至 8MPa,节流循环。9:00 点火成功,火焰呈橘红色。9:52 套压降至 7MPa 关井观察,10:14 关井套压涨至 15MPa,14:40 达到 25MPa,15:48 达到 35MPa,21:32 用水泥车注入钻井液 3.9m³,套压达 46MPa,21:34 套压上升到 49MPa,22:02 套压上升到 50MPa。

2 月 27 日 9:20 开节流泄压,至 9:41 套压降至 40MPa。9:45~10:05 压裂车泵

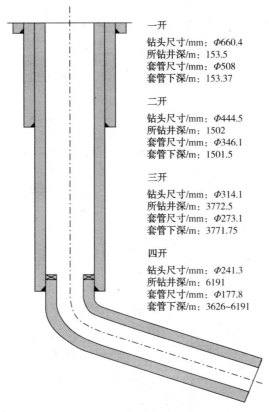

一开
钻头尺寸/mm：Φ660.4
所钻井深/m：153.5
套管尺寸/mm：Φ508
套管下深/m：153.37

二开
钻头尺寸/mm：Φ444.5
所钻井深/m：1502
套管尺寸/mm：Φ346.1
套管下深/m：1501.5

三开
钻头尺寸/mm：Φ314.1
所钻井深/m：3772.5
套管尺寸/mm：Φ273.1
套管下深/m：3771.75

四开
钻头尺寸/mm：Φ241.3
所钻井深/m：6191
套管尺寸/mm：Φ177.8
套管下深/m：3626~6191

图 2-1　HF203 井井身结构示意图

注密度为 2.40g/cm³ 的压井钻井液 7.3m³，套压由 40MPa 升至 46MPa，10：24 升至 51MPa，之后间歇开井节流放喷控制井口压力。13：35 节流放喷时出水，橘红色火焰高 10~15m，至 16：37 放喷口大量出水，之后点火困难。18：42 关井，套压从 28MPa 升至 44MPa。20：14 开节流阀放喷，之后又开 1 条副放喷管线泄压，套压降至 10MPa。

2 月 28 日节流控制套压，研究确定了用环形防喷器关井强行下钻压井的方案。

3 月 1 日 8：00 开三条放喷管线泄压，9：30 套压显示降到 0，抢装回压凡尔成功，随后关闭环形防喷器，开启 Φ139.7mm 半封闸板。9：50 开始下入第一柱钻杆，至 15：50 下钻至井深 3517.77m。16：00 开泵压井，以 1.8m³/min 的排量泵入密度为 2.35~2.50g/cm³ 的压井钻井液，18：08 套压最高涨至 20MPa，18：45 泵入钻井液总量为 190m³，套压再次降到 0。18：46 倒闸门经液气分离器循环，19：00 振动筛返浆建立循环，压井成功。井口防喷器组如图 2-2 所示。

3. 井喷原因分析

（1）固井要求落实不到位，井控制度执行不严格，起钻过程中未及时灌浆，是引发溢流的直接原因。固井作业指导书中要求"固井憋压 24h，候凝 72h 方可进行作业施

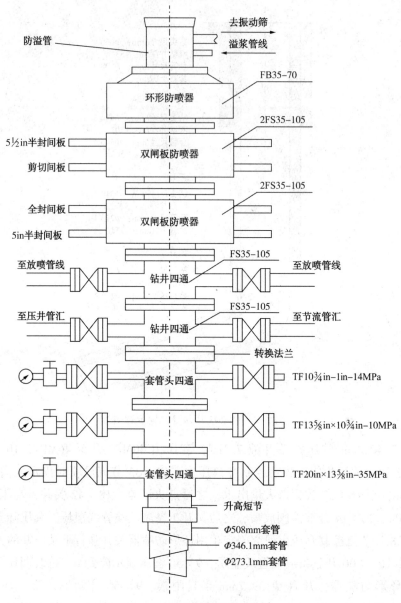

图 2-2　井口防喷器组示意图

工"，井队在候凝未达到 72h 情况下提前进行起下钻作业；认为固井后水泥已凝固，在起钻过程中钻井队、钻井液服务公司、录井队三方坐岗不到位，未能及时掌握灌入钻井液情况，因液柱压力减小诱发了溢流。

（2）应急预案执行不到位，起钻发现溢流后，现场应急处理措施不当，是溢流事件扩大的直接原因。井控知识掌握不够，发现溢流后不能针对实际情况进行抢下钻具、抢接回压凡尔等处理，采取了循环观察造成套压持续上升，延误了强下钻具的最佳时机，导致了溢流事件的扩大。

（3）水泥浆凝固时间过长、领浆与尾浆密度及强度没有达到设计要求，是造成溢流事件的主要原因。固井设计领浆密度 2.30g/cm³、48h 抗压强度达到 14MPa 以上，实际注入平均密度 2.24g/cm³，固井 59h 后水泥仍未凝固并发生了溢流；设计要求尾浆 24h 抗压强度达到 14MPa 以上，在溢流中出现大量地层水（飞仙关三段），说明在憋压候凝期间下部尾浆没有凝固；经复检，现场所留大样灰和大样水，2.24g/cm³ 的领浆稠化时间是 440min，66h 后才凝固出现强度，72h 强度达到 11MPa。

（4）水泥浆体系与固井技术还不能完全满足川东北地区深井高密度、高温固井要求，也是造成溢流事件的重要原因。

4. 事故教训

（1）开展三高气田固井水泥浆体系、固井工艺技术研究，应在确保固井施工安全的前提下尽快形成水泥石强度，防止凝固时间过长、失重等问题造成的油气上窜、溢流问题发生。

（2）严格执行井控标准，落实川东北地区井控制度，认真计量起钻钻井液灌入量，保证井内压力平衡。

（3）认真执行坐岗制度，及时发现溢流，及时采取应急措施，防止事态扩大，确保井控安全。

（4）进一步提高井控意识，加强监督管理，严格执行钻井设计、固井设计和作业指令，确保全井井控万无一失。

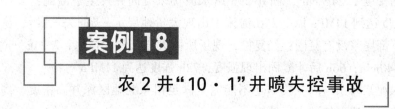

案例 18

农 2 井 "10·1" 井喷失控事故

2006 年 10 月 1 日，勘探南方分公司参与合作开发的农 2 井在起钻过程中发生井喷，3 日压井成功，事故未造成人员伤亡。

1. 农 2 井基本情况

农 2 井位于云南省曲靖市陆良县华侨农场，是一口设计垂直井深 450m 的预探井，由德阳天元地质服务有限责任公司负责投资开发，由于该公司无开采资质，故将登记区块转让南方勘探开发分公司进行合作开发，南方勘探开发分公司负责提供地质资料，由重庆金矛钻采技术服务有限公司钻试一队承钻。

2. 井喷失控发生与处理经过

2006 年 10 月 1 日，在起钻过程中发生井喷，从钻铤内喷出气液混合物，喷高约 2m，立即抢接回压凡尔失败，喷出的气液高度迅速上升到约 15m，不含 H_2S，由于半封胶心与钻铤不吻合，无法关井，钻铤内没有回压泵，导致井喷失控。

井喷失控事故发生后，井队立即进行人员撤离，疏散了 1km 范围内的 977 名群众，南方勘探开发分公司应天元地质服务有限公司的请求，给予技术、人力和物资等方面的支援。10 月 3 日，根据现场喷势有所减弱的有利时机，抢接带回压泵立柱，泵注密度为 1.10g/cm³ 的泥浆 36m³，压井成功。

3. 井喷失控原因分析

(1) 钻井施工队伍不具备天然气井钻井作业的能力，起钻措施和操作不当，是造成井喷的直接原因和主要原因。

该队是临时拼凑的一支队伍，没有钻井队伍资质，主要人员来自四川石油管理局川东钻探公司的买断工龄人员，井队长和工程技术员没有担任本岗位的经历，工程技术员没有经过专业培训，不具备专业技能，井队所有人员均没有有效的岗位操作培训合格证书，全队只有 1 人有 1994 年颁发的井控培训证书，早已过期作废。

施工过程中起钻措施和操作不当,具体表现在三个方面:一是起钻前没有进行短起下钻测油气上窜速度,造成了起钻的盲目性。二是起钻时没有按要求及时灌满泥浆,造成气体上窜并诱导井喷。三是起钻期间没有专人负责坐岗观察灌泥浆情况,所查证的灌泥浆记录是事后伪造的。

(2)泥浆密度偏低、安全余量小,是事故发生的又一重要原因。

(3)钻井设备配套不完善,是事故发生的间接原因。井控放喷管线只接出一边,长度未达到标准要求,另一条放喷管线未接;无正规的泥浆循环系统,无法进行准确的泥浆自动计量;循环罐中也没有液面自动报警装置;井场电路和安全护栏等设施都有重大安全隐患。

案例 19

S7201 井井喷

1. S7201 井基本情况

2006 年 1 月 25 日 5：00，由中原油田钻井四公司 70135 井队承钻的西北油田分公司 S7201 井在下光钻杆过程中发生溢流，1 月 26 日 5：30 压井成功，事件未造成人员伤亡。

2. 井喷发生与处理经过

2006 年 1 月 24 日 6：40，S7201 井在取心钻进至 5518.77m 时，泵压突然由 16MPa 下降至 11MPa，至 6：45，泥浆漏失 6m³，泥浆槽不返泥浆。井队立即割心并起钻至套管内，至 8：00 间断灌泥浆 17.5m³，出口一直不返浆，井口观察不到液面，关井观察，井口立压和套压均为 0。观察至 12：00，井队起钻至井口出心后立即下光钻杆，并向井内灌密度为 1.14g/m³ 的油田水。至 1 月 25 日 5：00，抢下光钻杆至 2040m 时，发生溢流，井队立即关井，套压、立压均为 2MPa，至此时已向井内灌油田水 106m³，之后每隔 1h 向井内灌油田水 2m³。12：25，套压、立压不变，开始节流循环。12：40，立压升至 20MPa，套压升至 15MPa，关下旋塞节流放喷，喷出物为泥浆、油田水带油气，无 H_2S。13：20，套压升至 32MPa。15：00，套压至 26MPa。放喷口点火成功，火焰高达 30m。

23：40，开始正循环压井，井内注入密度为 1.14g/cm³ 的油田水 74m³，套压由 22MPa 下降至 19MPa，调节节流阀关井，此时套压为 25MPa，正循环压井结束，放喷管线出口火熄灭。接着开始平推压井，至 1 月 26 日 0：48，向井内平推密度为 1.14g/cm³ 的油田水 68m³，套压由 25MPa 下降至 8MPa 并稳定，此时开启节流阀二次从放喷口点火，火焰平喷长约 10m。至 2：30 套压下降至 0，放喷口仍有小量火焰，至 5：30 放喷口火熄，立压和套压均为 0，压井成功。

3. 井喷原因分析

（1）钻开喷漏同层的气层后，发生气液置换，导致气体进入井筒内。

（2）发生井漏后在没有摸清漏速的情况下，没有连续向井内灌浆，而是每隔1h向井内灌浆2m³，导致井内液柱压力不够，地层流体大量涌入井内，是造成溢流的直接和主要原因。

1月25日0：30岩心出筒完，至5：00已向井内灌入油田水106m³，漏速达到了23.6m³/h，而5：00以后每隔1h向井内灌浆2m³，至12：10井口发生溢流关井，总共才向井内灌浆8m³，远远低于井内漏速，致使井筒几乎处于空井状态。

4. 事故教训

（1）调整井的地层压力受注水井、采油井的影响而改变，钻调整井设计钻井液密度时应考虑注、采井的影响。调整井应指定专人按要求检查邻近注水、注气（汽）井停注、泄压情况。

（2）要充分认识气体溢流对井内压力的影响。关井后，由于气体在井内上升而不能膨胀，井口压力不断上升，有可能超过最大允许关井极限套压，应采取放压方法放压。

（3）在等候加重材料或在加重过程中，视情况间隔一段时间向井内灌注加重钻井液，同时用节流管汇控制回压，保持井底压力略大于地层压力。若等候时间长，则应及时实施司钻法第一步排除溢流，防止井口压力过高。

（4）提高井控意识，加强井控培训，严格执行《石油与天然气钻井井控技术》标准及井控管理制度。

仙 7 井井喷失控事故

1. 仙 7 井基本情况

仙 7 井是青海油田在柴达木盆地南八仙构造的一口评价井，设计井深 3000m，钻探目的是探明南八仙构造南断块 E3-1 的含油气性，兼探浅层 N2-2、N2-1、N1 的含油气性，为计算探明储量提供参数。该井由青海石油管理局设计，江汉油田 32775 钻井队承钻。

该井 1997 年 3 月 19 日开钻，井身结构为：Φ339.7mm 表层套管×297.98m + Φ244.5mm 技术套管×2298.94m+Φ215.9mm 钻头×2924.89m，井身结构示意图如图 2-3 所示。4 月 28 日三开，三开井口装置为：TGA339.7mm×244.5mm×139.7mm×70MPa

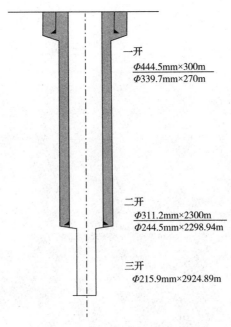

一开
Φ444.5mm×300m
Φ339.7mm×270m

二开
Φ311.2mm×2300m
Φ244.5mm×2298.94m

三开
Φ215.9mm×2924.89m

图 2-3　仙 7 井井身结构示意图

套管头+钻井四通+2FZ(KPY23-35)双闸板防喷器+FH(KPY)23-35环形防喷器,按设计试压合格,井口装置示意图如图2-4所示。1997年6月14日取心钻进至井深2924.89m起钻中发生井喷失控事故。

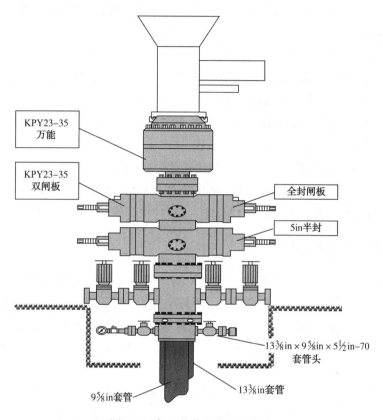

图2-4　仙7井井口装置示意图

2. 井喷失控发生与处理经过

1997年6月14日第三次钻井取心,钻进时钻井液密度为1.74g/cm³,钻至井深2924.89m(进尺9.43m)正常割心,在取心钻进过程中,钻时明显由慢变快(井深2923m以前平均钻时为152min/m,井深2924m钻时为52min/m,割心前钻时为23min/m),当班司钻立即通知井队干部、甲方监督,观察后未发现异常,决定将剩余的方入打完,割心后循环钻井液13min。

14日20∶55起钻两柱后发现钻具内外溢钻井液。

21∶01接方钻杆循环钻井液,循环排量27L/s。

21∶30循环过程中发生井喷,喷高10m,立即上提钻具关环形防喷器成功。

21∶45关井求压,立压4.5MPa,套压5MPa。

22∶26~22∶31试图节流循环时,发现回收钻井液管线闸门打不开,井队在关井状态下抢换回收钻井液管线闸门。在此期间，套压持续升高。

22：48 当套压升至 12MPa 时，环形防喷器刺漏，随即关 5in 半封闸板。

23：24 当套压升至 25MPa 时，5in 半封闸板刺坏，井口失控。这时，打开大门左侧放喷管线放喷，套压由 25MPa 下降为 18MPa，立压 4MPa，井口喷高 3~4m，井场有大量天然气弥漫。

23：50 停柴油机和发电机。

6 月 15 日 0：30，环形和半封闸板防喷器全部失效，井口喷高 25m 上，最高喷高 65m 左右，放喷管线喷距 30~40m。喷出物主要是天然气和盐水，含少量轻质油。

6 月 16 日 9：00 双翼放喷，井口喷高 30~40m，放喷管线喷距 10~15m，套压 4MPa，以后喷势不减。

6 月 22 日 10：10 抢换井口成功，实现了有控制放喷。

6 月 27 日 8：55~14：46 5 次注入密度为 2.0g/cm³ 的重钻井液 13m³，置换压井成功。这次井喷事故，累计井喷时间 12d15h，井内 2856.47m 钻具从井口刺断落井。

3. 井喷失控原因分析

（1）该井曾在 2617m 和 2867m 发生过溢流，均正确有效地控制了溢流。由于对地层认识不清，认为已经钻过了主探层位，思想上有所放松，井控工作准备不足。

（2）钻开油气层的钻井液密度不符合设计要求。地质预告主力油气层的最高地层压力系数是 1.74，工程设计钻井液密度范围为 1.79~1.84g/cm³，而实际的钻井液密度为 1.74g/cm³。

（3）钻遇高压油气层后，现场操作措施不正确。钻遇快钻时，观察不够，继续钻进将方余打完(1m 多)，使气体更多地进入了井内，加速了溢流的发展；起钻前循环泥浆时间只有 13min，没有及时把侵入井眼内的气体排出地面，积聚成气柱；未检测溢流起钻，起钻抽吸，导致井底压力进一步降低；起钻时发现钻具内外溢钻井液，循环钻井液时，加快了气体的膨胀与运移速度，气体在环空中膨胀使井底压力减小，当气体的膨胀与运移接近井口时，"突然卸载"造成井喷。以上是发生井喷的直接原因。

（4）发现井喷后处理措施不正确。一是环形防喷器关闭后，为防止卡钻上下活动钻具，环形防喷器刺坏后，关闭半封闸板后，继续上下活动钻具，导致半封闸板刺坏，造成井喷失控。二是关井求压后，关闭回收钻井液闸门放喷点火未点着，准备节流循环压井，再打开回收钻井液闸门时操作方法错误，因憋压造成回收钻井液闸门滑扣打不开，抢换闸门时间长，失去了压井时机。三是在关井的情况下气体"带压运移"，使井口压力升高，未打开左侧的放喷管线及时地放喷降压，缺乏应急应变能力，造成了过高的井口压力。以上是发生井喷失控的直接原因。

（5）井控装备老旧。该井所用 KPY23—35 防喷器是目前多数油田已很少使用的老产品，各种配件不全，可靠性差；压井管汇、节流管汇及闸阀等都存在很多问题，满足不了该井钻开高压油气层的要求。

4. 教训与认识

（1）严格执行钻井设计。该井为探井，且该区块完成井较少，预告地层压力高，有高压气层，临井仙3井、仙4井、仙5井等在钻井施工中都曾有不同程度的井涌井喷，这些都没有引起施工单位及有关管理部门的高度重视，没有采取有效的重点防范措施。

（2）钻遇快钻时，进尺应不超过1m，并进行溢流检测。

（3）气体溢流不宜采用开井循环观察的方法检测溢流，应采取关井观察或节流循环观察的方法。开井循环观察加快了气体的膨胀与运移速度，气体在环空中膨胀使井底压力减小。当气体的膨胀与运移接近井口时，"突然卸载"造成井喷。

（4）要充分认识气体溢流对井内压力的影响。少量的气体侵入可能检测不出来，但其随后的影响可能是很大的，气体在井内膨胀、运移到靠近井口时膨胀加速，这时钻井液罐液面才增加明显。

（5）关井后，当气体在井内运移，井口压力不断升高时，应采取立管压力法或体积控制法等井控方法放压，或视情况间隔一段时间向井内灌注加重钻井液，同时用节流管汇控制回压，保持井底压力略大于地层压力排放井口附近含气钻井液。若等候时间长，则应及时实施司钻法第一步排除溢流，防止井口压力过高。

（6）在油气层井段施工作业时，应分清主次，始终把井控工作放在首位。发生溢流后需要活动钻具时，应在关井套压不超过14MPa且至少还有一个密封的情况下才能活动钻具。

案例 21

文 13-276 井井喷

1. 文 13-276 井基本情况

文 13-276 井位于文留构造带文 13 断块区,是一口双靶定向井,由中原油田钻井四公司 45151 队施工,设计垂深 3400m,目的层位为沙三中亚段 8 砂组,设计压力系数为 1.75,设计钻井液密度为 1.85~1.90g/cm³。该井于 1996 年 11 月 17 日一开,1997 年 1 月 23 日下入 Φ244.5mm 技术套管固井。1997 年 2 月 7 日用 215.9mm 钻头钻进至井深 3164m 吊测井斜时因吊测钢丝绳断落起钻,下钻过程中发生井喷。井身结构图如图 2-5 所示。

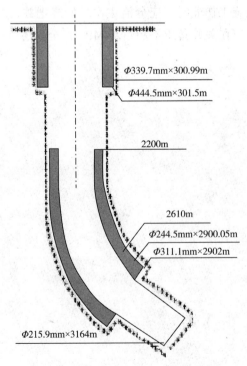

图 2-5 文 13-276 井井身结构示意图

防喷器组合: 2FZ35-35+FH35-35。

钻进地层为沙三中亚段 6 砂组, 钻井液密度为 1.82g/cm³。

2. 井喷发生与处理经过

1997 年 2 月 7 日 22: 40 钻进至井深 3164m, 循环吊测, 吊测时钢丝绳断落起钻, 起钻灌钻井液 10m³, 基本正常, 剩一柱钻铤时吊测钢丝绳露出, 起完仪器后及时下钻。下入钻杆 20 柱后, 钻杆水眼内开始反喷钻井液, 呈现为一股一股的气往上冲, 环空显示正常。继续下钻至井深 1679m, 钻杆内喷钻井液严重, 已无法下钻, 但环空返钻井液正常, 钻井液池液面未增。接方钻杆循环钻井液 30min, 测量钻井液池液面两次, 第一个点增加 3m³, 第二个点增加 6m³。抢下钻至井深 2240m 时, 环空中溢流转为井涌, 钻井液涌出转盘面 0.5~1m, 此时钻杆水眼内停喷。抢接方钻杆时井涌转为井喷, 钻井液喷至井架人字架以上, 关防喷器, 关井 (同时关旋塞), 等待压井。从发现溢流至关井历时 3h42min, 井内溢流量 42m³。关井初始套压 14MPa。33min 后, 套压升至 21MPa, 开旋塞立压 13MPa。采用边循环边加重法和等待加重法压井, 并获得成功。

(1) 边循环边加重法压井。

采用边加重边节流循环, 压井排量 16L/s, 入口钻井液平均密度 1.85g/cm³, 泵压为 17~10MPa, 套压为 21~17MPa, 返出物全部为天然气。1h 后, 水龙带刺漏, 停泵关旋塞, 关井。关井套压为 15MPa, 2h 后套压升至 20MPa 并趋于稳定, 由于未控制好压井套压和立压, 造成地层流体继续侵入, 此次压井效果不好。

(2) 等待加重法压井。

地面钻井液加重至 1.95g/cm³, 开旋塞, 节流放喷求得立压 2.0MPa。节流放喷时每次放出钻井液量控制在 120L 左右, 二次放压立压不变时求得的立压值为真实立压值。重新开始压井, 压井排量不变, 通过控制循环立压保持井底压力稍大于地层压力。循环泵压为 13~11MPa, 套压上升至 22MPa 后逐渐下降。循环立管压力的确定如下:

初始循环立管压力: 由于钻进中无低泵冲数据, 钻头又不在井底, 无法按正常方法求得, 因此, 用压井排量采取保持套压不变法循环, 求得循环立管压力为 9.0MPa, 关井立管压力为 2.0MPa, 取安全附加压力 2.0MPa, 确定初始循环立管压力为 13MPa。

终了循环立管压力: 钻杆内钻井液密度为 1.85g/cm³, 压井钻井液密度为 1.95g/cm³, 求得钻杆内钻井液液柱压力增加值为 2.24MPa, 能够平衡关井立管压力; 没有考虑钻井液密度变化对循环压力的影响, 并继续对井底施加 2.0MPa 的安全回压, 确定终了循环压力为 11MPa。

由于两只节流阀先后被堵、水龙带由壬垫子刺漏以及地面无重浆储备等多方面的原因, 造成压井施工极不连续。压井接近尾声, 水龙带由壬垫子刺漏, 换由壬垫子的同时, 将地面钻井液加重至 2.01g/cm³, 再次压井时采用 26L/s 大排量压井, 15min 后发现严重井漏, 漏失量 6m³。改 10L/s 小排量压井正常, 至压井完毕, 停泵关井立压和套压均为 0，开井无溢流。

开井大排量循环钻井液，10min 后发现井漏，地面配堵漏钻井液，分 3 次下钻循环排除井内气侵泥浆，每次循环时先关上闸板（两只节流阀全开，不节流），使出口钻井液通过液气分离气，以便钻井液脱气。下钻到底，井内被污染钻井液排除干净后，钻井液出口密度为 $1.95g/cm^3$，入口密度为 $1.96g/cm^3$，循环并调整钻井液性能，恢复正常钻进。

3. 井喷原因分析

（1）该井沙三中亚段 5 砂组为高压气层，油气比较活跃，地层压力系数为 1.75，钻进钻井液密度为 $1.82g/cm^3$，密度附加值偏低，加之起钻速度过快，产生较大的抽吸压力，最后导致井涌、井喷。

（2）对吊测过程中可能出现的情况预先估计不足，吊测前未进行短起钻，根据油气活跃程度及时调整钻井液密度。

4. 事故教训

（1）文 13 断块沙三中亚段 5 砂组为高压气层，油气又比较活跃，通过很多井的钻探已得到证实。该井密度附加值取下限不太合理，应在钻开该层后，及时做短程起下钻井循环观察，根据情况合理调整钻井液密度，然后再进行下步作业。

（2）发现溢流后，尽可能早地关井。该井在溢流发展到井涌时才关井已经太晚，这样容易造成井喷失控的局面。

（3）关井后立即关方钻杆下旋塞，无法掌握关井立压的变化情况，第一次压井前未求取立压真实值，压井必需的基本数据不全盲目压井，这种做法是不可取的。

（4）高压油气井应尽量使用 18°斜坡钻杆，该井如果能在关井状态进行下钻作业，既能下入更多的钻具，又能控制井内溢流量，为压井创造条件。

（5）边循环边加重法压井由于入口钻井液密度很难控制，压井时不好掌握立压或套压的变化规律，因此在关井立压和套压较高的情况下，不宜用此方法。

（6）大排量压井方法不可取。排量过大加大了循环设备、管汇和井口装置的负荷，降低了这些设备在压井作业中的可靠性。同时，排量大，节流阀控制困难，容易引起过高的井底压力，引发井漏，使事故进一步复杂化。

（7）高压油气井应按井控有关规定储备不少于井筒容积 1~2 倍的加重钻井液。

（8）钻开油气层后，每趟钻必须做低泵冲试验并记录好数据，为压井提供依据。

（9）当生产与井控发生矛盾时，必须一切工作服从井控大局，该进行短起下的要进行短起下，该控制起钻速度的要控制好起钻速度。

案例 22

陈 15-斜 27 井井喷失控着火事故

1. 陈 15-斜 27 井基本情况

陈 15-斜 27 井是一口定向开发井，设计井深 1400m（垂深 1340m），Φ339.7mm 表层套管下至 204m，井口装有防喷器；二开用 Φ215.9mm 钻头钻进，1993 年 2 月 27 日钻至井深 1133m 测斜后起钻过程中井喷。

2. 井喷着火发生与处理经过

1993 年 2 月 27 日，井深 1133m 测斜完，14：00 开始起钻，起至第四柱下单根时遇阻多提 80~100kN，起第 5、6 柱均遇阻，第 7 柱发现"拔活塞"现象，接方钻杆向钻杆内灌钻井液，循环 30min 后认为正常，卸方钻杆继续起钻。16：00 起至第 9 柱时（钻头位置 874m）发生强烈井涌，立即抢接方钻杆、关防喷器、打开左侧放喷管线放喷，喷出物为气、砂子和钻井液。16：30 用密度为 1.21~1.23g/cm³ 的钻井液压井，注入 25m³ 钻井液。18：30 放喷管线处停喷（实际防喷管线已被堵）。19：30 地表周围 200m 范围内多处憋开冒气，被迫打开防喷器，将从循环池回收的钻井液，开双泵注入井内约 40m³。19：40 喷势增大，井口周围 25m 内气流窜出地面，被迫停柴油机、发电机，人员撤离井场。20：20 井架 1 号大腿处被喷出物撞击着火，10min 后井架被烧倒，火势迅速蔓延到整个井场。28 日 8：30 井眼垮塌停喷熄火。事故中除抢出一台拖拉机和 4 栋材料房外，井架及全套设备均被烧毁、陷埋地下。

3. 井喷着火原因分析

（1）对起钻出现"拔活塞"缺乏认识，将"拔活塞"的阻力当作起钻的摩阻处理，中途循环时井眼中的溢流未充分循环出井眼，是发生井喷的主要和直接原因。

（2）表层套管下深浅（只下 204m），井控设备安装不齐全、不标准，放喷管线只接一条，是造成憋破地表、井喷失控的主要原因。

（3）坐岗制度落实不到位，没有及时落实钻井液灌入情况，是发生井喷的重要原因。

（4）培训不到位、井控意识差，井队只有两人持有井控证且过期，也是造成井控问题的原因之一。

4. 事故教训

（1）采用合理的井身结构，表层套管的下深至少应封过平原组疏松地层，提高允许关井套管压力值，提高井控处理能力。

（2）按标准安装井控设备，对于气井，两侧放喷管线应平直接出井场，满足两侧放喷减小井口压力的需要。

（3）起钻前充分循环钻井液，排除气侵，对起钻时的"拔活塞"现象认真分析与处理，确保井内压力平衡。

（4）应提高岗位人员的井控意识，落实坐岗制度，加强岗位人员培训，提高井控水平与技能。

案例 23

车古 53 井井喷失控着火事故

1. 车古 53 井基本情况

车古 53 井是胜利油田车西凹陷南斜坡潜山高部位的一口详探井，设计井深 2200m，钻探目的是了解奥陶系及下古生物界含油气情况，Φ244.5mm 套管下至 1829.06m，井口装有一台通孔 Φ304.8mm 的 ΠΠΜ 防喷器，内装 Φ127mm 半封闸板，两条放喷管线接至污水坑。该井由华北油田勘探四公司 32721 队承钻，1987 年 7 月 16 日钻至井深 1880m 时起钻，起钻至余四根钻铤时发现井涌，相继井喷，着火。

2. 井喷着火发生与处理经过

1987 年 7 月 16 日钻至井深 1880m，地层为奥陶系。4：00 循环钻井液，钻井液密度为 1.09g/cm³ 后开始起钻，准备中途测试。8：59 起钻余四根钻铤时发现井涌，准备下放钻铤接钻杆关井，因钻具轻，下放 18.55m 时再放不下去。9：00 发生井喷，9：02 着火，四根钻铤被一起喷出井口，火势高达 50m。9：06 井架倾倒，大批钻杆盖在井口，火焰高 30m 以上。

井喷发生后，各方积极组织抢险工作。7 月 18 日清理井场，7 月 19~24 日将井口周围的钻杆、钻铤、柴油机、联动机、机房底座、自动压风机、钻井液泵、循环罐等设备拖出，裸露井口。7 月 25 日换装 2FZ23-35 双闸板液压防喷器，压井成功。损失时间 207h，钻具、井架全部报废，部分设备被烧坏，死亡一人。

3. 井喷着火原因分析

（1）起钻中灌钻井液不足，静液柱压力不能平衡地层压力，是造成井喷的主要原因。

（2）正式起钻前未进行短起下钻作业、未进行压力平衡检测，起钻中没有专人坐岗观察、没有及时落实钻井液灌入情况，是造成井喷的重要原因。

（3）三开所装防喷器不符合设计要求，是导致事故恶化、井喷失控的主要原因。

（4）没有必要的防火、控火措施，井喷失控后应急处理不及时，是造成钻具、设备报废、人员死亡的主要原因。

4. 事故教训

（1）井队坐岗制度不落实，没有及时落实起钻中钻井液灌入情况，没有及时发现溢流，地层流体侵入井眼发生了井喷。

（2）安装使用的防喷器不符合设计要求，发生井喷、特别是井眼喷空后无法关井，造成了事故的恶化。

（3）对短起下钻认识不够，没有采取短起下钻检测油气侵情况，没有采取预防井喷的有效措施。

（4）井控意识差，没有建立健全各项井控管理制度，井控知识、压井方法及措施不掌握，出现了事故扩大的局面。

（5）缺乏井喷应急处理手段，防火设备配套不全，不掌握防火防爆知识和方法，发生了着火与人员伤亡。

案例 24

卫 146 井井喷失控着火事故

1. 卫 146 井基本情况

卫 146 井位于河南省濮阳市郊区柳屯乡陈庄西，是卫城构造南部卫 81 块上的一口取心井，由中原油田钻井四公司 32528 队施工，设计井深 3150m，设计最高密度 1.20g/cm³。钻探目的是认识、研究沙四段油层物性、电性、含油性、油层流体性质及产能，为一口地质资料井。该井于 1986 年 7 月 13 日开钻。8 月 22 日下入 Φ244.5mm 套管固井。8 月 31 日使用 Φ215.9mm 钻头钻至井深 2795.91m，地质要求起钻进行中途对比电测，起钻过程中发生严重井涌，因防喷器关不到位造成井喷失控。井身结构如图 2-6 所示。

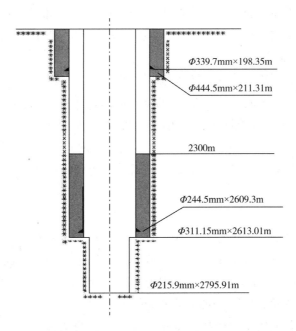

Φ339.7mm×198.35m

Φ444.5mm×211.31m

2300m

Φ244.5mm×2609.3m

Φ311.15mm×2613.01m

Φ215.9mm×2795.91m

图 2-6 卫 146 井井身结构示意图

井口装置：12inⅡⅡM型防喷器。

2. 井喷着火发生与处理经过

1986年8月30日23：30钻进至井深2795.91m(层位沙三下亚段)停钻循环起钻，起钻时钻井液密度为1.11g/cm³(设计密度为1.20g/cm³)。用Ⅰ挡起至技套内倒Ⅱ挡，起至1525m时倒Ⅲ挡，当起至900m后改用高速起钻。井内剩下11根钻铤时因上班人少，停下来吃饭。20min后继续起钻时，内钳工发现井口有钻井液返出，并示意司钻不要灌钻井液。司钻又起出一柱钻铤，卸开扣后，也发现振动筛上流钻井液，流速很快，他意识到可能要发生井喷，立即派人向值班干部汇报，同时将卸开的钻铤拉进指梁，抢接钻杆和方钻杆，下放钻具准备坐卡瓦时发生强烈井喷，将大方瓦顶出，无法坐卡瓦，钻具不居中，防喷器只关了9圈便关不动了(正常情况下可关18圈)，造成井喷失控，喷出的天然气流(含少量原油)高达40m以上(从发现溢流至发生强烈井喷时间为15min)。

井喷失控后，为防止天然气爆炸着火，从邻近注水站抢接了一条井口注水管线，并抢接了压井管线和放喷管线。拆换井口时由于用环氧树脂黏结的底法兰钢圈错位，四通上法兰密封不严，强行压井时水泥车排气管冒出的火星引起天然气爆炸起火。重新制定方案，灭火后再次拆换井口，用压回法压井获得成功。

（1）拆换井口，第一次压井。

① 拆除失灵的ⅡⅡM防喷器。

清理井场外围设备，抢修通往井场的道路。利用拖拉机牵引死绳，将方钻杆、水龙头从井口吊入大鼠洞。将转盘吊离井口，拆除失灵的ⅡⅡM防喷器

② 抢装新井口装置。

为便于抢险作业，决定将井口装置抢装在钻台上面。新井口装置为KPY23-35双闸板防喷器，下接长3.8m、壁厚30mm的Φ244.5mm厚壁套管，下带四通法兰。

在10余支消防水枪的掩护下，利用两台40t吊车及两台通井机作导向牵引，将新井口吊装在原四通上。由于用环氧树脂黏结的底法兰钢圈在强大气流冲刺下产生错位，四通与上法兰间封闭不严，打各种堵塞物均无效，越刺越厉害，为侥幸取胜，决定就此压井。

③ 压井。

因四通法兰处刺漏，考虑用压回法压井。由于水泥车管线距井口太近，在井口刺出气流的情况下，虽有消防水龙头向井口刺水，但供钻井液的水泥车是在充满气体的环境中工作，压井约5min，风向突变，水泥车排气管冒出的火星引起天然气爆炸着火，人员、机动设备迅速撤离井场，6min后井架烧塌。

（2）面对失控着火的严峻形势，将整个抢险工程分为清障、灭火、拆旧井口、装新井口、压井等五个阶段进行。

① 清障。

清障工作遵循统一指挥、带火清障、先易后难、先近后远、先外后里、切拖结合、分项作业的基本原则。

为保障井口不致烧坏，保证清障人员的安全，从四通两侧重新抢装了两条注水管线，昼夜不停地冷却井口，同时用 10 台消防车轮番喷射水流，靠雾化水降低井口温度，掩护清障人员安全作业。

外围清障结束后。逐步切割和拖拽井架、钻具等被烧毁的设备。切割方式以自制的 2.5m 和 3m 长的气割枪为主，也使用了电弧切割装置，还将 D85、D60 推土机改装为臂长分别为 12m、15m 的抓钩机。这种抓钩机具有安全、灵活、适应性强、拖拽力大、清障速度快等优点，清障效果十分显著。

清障工作已接近尾声，在清理井架底座时，由于被拖拉的废底座挂上了司钻台一侧的防喷管线，牵连井口四通，将另一侧防喷管线憋断，顿时强大气流冲出井口 20m 以上，形成一条凶猛的火龙，造成两人死亡，13 人受伤。

由于烧坏的双闸板防喷器阻碍了井内强大气流的畅喷，使井口多条火舌上下乱窜，无法拆换井口。为此，决定用水力喷砂切割方法切割升高的厚壁管，引流上喷。经突击研制和多次反复演习试验，证明该方法切实可行。现场切割 2h40min 将壁厚为 30mm 的 Φ244.5mm 厚壁套管割断，强大气流冲天而上，为抢换井口创造了良好的条件。至此，整个清障作业全部完成。

水力喷砂切割所用的主要装备如下：

700 型压裂车	6 台
液氮车	两台
混砂车	1 台
运砂车	2 台
喷枪	4 支
高压管汇	1 套
Φ63.5mm 加厚油管	100m
作支撑架的 40m³ 水罐	4 个

切割工艺参数为：

喷嘴	5mm，4 支
喷射压力	31.4~34.3MPa
喷射排量	350~400L/min
含砂量	10%~15%［砂体积/（砂+水）体积］
砂径	0.25~0.5mm（严格过筛筛选）
悬砂液	经过滤的清水

② 灭火。

该井试用了水射流灭火法和干粉灭火法，同时也准备了用红卫912的灭火方案。该井曾4次用密集水射流灭火法将火扑灭，于是决定采用该方法进行灭火，并获得了成功。

③ 拆换井口。

为了保证在恶劣条件下能熟练、配合默契地完成抢装任务，对突击队员进行了严格的演习训练，并准备了经过严格组装和试压的组合井口装置（变径法兰+四通+2FZ35-35双闸板防喷器），四通下法兰钢圈加工成带边的，用4个埋头螺钉将组合井口紧固在四通下法兰上，且法兰上固有两个定位锁，以便在对中时不产生偏差。双公法兰上固有引导装置——抱箍。抢装井口时，将引绳穿接在四通与底法兰之间，从两个对称的螺栓孔引出，分别连接在通井机和拖拉机牵引的滑轮上。经过精心策划和准备，抢装井口一次成功，并在抢装好防喷器控制管线和节流管汇后，试关井成功。

④ 压井。

该井 N80×Φ244.5mm×10.03mm（钢级×外径×壁厚）技术套管下深2609.30m，下面裸眼段长只有186.61m，结合该地区地层压力系数低、抗破强度低、渗透性好等特点，决定使用压回法压井。为了减小压井液挤入地层的流动阻力，避免压井时出现过高的井口压力，压井液采用清水-钻井液混合液。压井前对地面节流管汇和防喷器控制管线进行了严格检查试压，并准备了充足的压井液。9月24日12：42，使用4台水泥车压井。至9月24日15：00往井内注入压井液140m³（其中钻井液72m³，混合液的平均密度为1.16g/cm³），停注后，井口压力为0。至此，一场严重的井喷失控着火事故，历经24d得以解除。

3. 井喷着火原因分析

（1）井控意识差，思想上重视不够。主观上认为该地区地层压力系数低，自投入勘探开发以来，没有发生过井喷，因此，放松了井控管理。该井未进行三开验收，井队就擅自开钻，井控装备安装存在严重问题，未安装压井管线，放喷管线不固定，未接出井场，双公短接丝扣没有上紧，余扣4~5扣，防喷器不试压等，为井控安全埋下了隐患。

（2）井控工作岗位责任制不落实。起钻没有及时灌好钻井液，无专人坐岗观察井口和核对钻井液灌入量，以至发现井喷预兆时，已来不及采取措施，这是导致井喷乃至失控的直接原因。

（3）井控技术措施不落实。进入油气层钻进，实际钻进密度（1.11g/cm³）低于设计密度（1.20g/cm³），起钻前不进行短程起下钻，求取油气上窜速度。在对井下压力平衡状况、油气活跃程度一无所知的情况下盲目起钻，加之起钻速度过快，产生抽吸作用，给溢流的发生创造了条件，这是导致井喷的又一重要原因。

（4）井控培训制度不落实，员工技术素质差。该队只有副队长和技术员参加过正规井控培训，持有井控操作合格证，其余人员均未持证。由于缺乏应有的井控知识，对最基本的井控安全操作规程不了解，以至在发现溢流后，不是及时按正确的关井程序实施对井的控制，而继续上起一柱钻铤，丧失了控井的有利时机。

（5）井控装备落后。该井安装的苏制老式ΠΠΜ防喷器，没有液控操作系统，手动操作关井时间长，安全性、可靠性差。

4. 事故教训

（1）用置换法压井是可行的，但需要的时间较长。在井眼条件具备、地层条件许可的情况下，采用压回法压井，能更安全、更快捷地解除事故。

（2）井控技术培训、持证上岗和井控各项制度的落实对钻井井控工作尤为重要。如果该队员工掌握了井控基本知识，严格执行井控操作规程，及早发现溢流，果断采取措施，此次井喷失控事故是完全可以避免的。

（3）井喷失控处理是一项艰巨而危险的工程，必须要有严密的组织和周密的方案。不尊重科学，侥幸取胜，往往事与愿违。第一次抢装新井口后，严重刺漏，已证明抢装失败，本应重新制定抢装方案，但却强行压井。在未彻底控井的情况下，水泥车排气管不装防火罩靠近井口进行压井作业，引起天然气爆炸起火，使事故进一步恶化。

案例 25

孤东试 7 井井喷事故

1. 孤东试 7 井基本情况

孤东试 7 井为胜利油田孤东小井距试验井区中心的一口油基钻井液取心井，设计井深 1470m，Φ425.5mm 套管下深 34.18m，未安装防喷器。设计 Φ323.8mm 套管下深 1150m，起钻中发生井喷。

2. 井喷发生与处理经过

1986 年 5 月 5 日 16：00 钻达 1169m，循环后起钻。起第 2 柱时有遇阻现象，又下钻到井底并开双泵循环，钻井液密度为 1.09~1.10g/cm³。再次起钻前 3 柱正常，第 4、5 和 6 柱有轻微遇阻(20~40kN)。起第 7 柱时发现环空液面下降，第 8~10 柱仍连续遇阻(40~50kN)，一直连续灌钻井液。当起至第 10 柱时，发现井口外溢钻井液，将第 10 柱钻杆下放，座到转盘上并立即挂水龙头。23：50 挂水龙头后还没有来得及提起方钻杆，井口已发生强烈井喷，喷高达二层台。20min 后井架底座开始下沉，井架倾斜。5 月 6 日 0：45 井架向左前方倒塌，天车砸在发电房上。在这个过程中，三台 12V190 柴油机、联动机、钻机，两台钻井液泵、井架，一台发电机和井场的钻杆、套管全部陷入地下，地面仅能见到天车人字架。

井喷持续到 5：30，因井壁垮塌停喷。

3. 井喷原因分析

(1) 设计依据的邻井没有发现浅气层，准备不足，设计密度与实际压力有差别，是发生井喷的主要原因。

(2) 起钻"拔活塞"，因抽吸加剧了地层流体侵入井筒的速度，液柱压力低于气体压力，是发生井喷的直接原因。

(3) 表层套管下深太浅，不能稳定浅层井眼，是井喷后憋破地表造成地面设备下陷的主要原因。

（4）未安装防喷器，加之表层套管下深浅，是井喷后无法实施二级井控、使事故恶化的直接原因。

4. 事故教训

（1）对浅气层缺乏足够认识，没有认识到浅气层的巨大危害。

（2）井身结构不合理，未安装防喷器，不能确保二级井控有效实施。

（3）对起钻作业"拔活塞"现象没有引起足够重视，没有及时采取正确措施确保井控安全。

（4）坐岗观察制度不落实，起钻中虽然连续灌浆但没有核对灌入量，未能及时发现溢流。

第 **3** 章

钻井完井过程中发生的井喷事故

1. F201 井基本情况

2008 年 11 月 7 日 7：28，由石油工程西南有限公司湖南钻井分公司 30866XNH 钻井队承钻的东北油气分公司 F201 井在通井过程中发生井喷，7 日 19：20 压井成功。井身结构如图 3-1 所示。

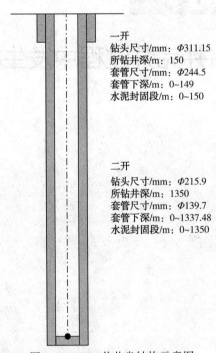

一开
钻头尺寸/mm：Φ311.15
所钻井深/m：150
套管尺寸/mm：Φ244.5
套管下深/m：0~149
水泥封固段/m：0~150

二开
钻头尺寸/mm：Φ215.9
所钻井深/m：1350
套管尺寸/mm：Φ139.7
套管下深/m：0~1337.48
水泥封固段/m：0~1350

图 3-1　F201 井井身结构示意图

2. 井喷发生与处理经过

F201 井于 2008 年 11 月 5 日钻达设计井深 1350m。6 日 19：30 电测结束后，井队立即组织下钻通井，但发现钻机气路不畅，有冻结现象（当日气温骤降 15℃），处理受冻结的气路，22：00开始下钻，至井深220m遇阻，7日2：30下钻至507m时，接方钻杆循环，测得全烃达98%。关井，节流循环除气，放喷口点火未燃。开井后2：50继续下钻，仍多次出现遇阻现象，均采取上提下放通过。7：20下钻至1030m左右，上单根公接头进入转盘面以下0.5m左右时，再次发现溢流，强行下放至1039m（下放摩阻大于15t，）。由于冰冻导致平板阀打不开，软关井失败。采用硬关井，仍不成功。7：50，打开远控台旁通阀，关半封。7：53关井成功。

关井后，实施循环压井。用泥浆泵通过方钻杆向井内打入密度为1.38g/cm³的重浆25m³。期间发现井场西北方向距井口约40m处两口水井有涌水现象。8：01点火，火焰呈橘红色，燃烧充分，高达12~15m。此时最大套压为2.5MPa。9：40，液气分离器出口已没有泥浆溢出，关闭泥气分离器，经放喷管线放喷点火。14：40第二条压井管汇方向的放喷管线接好并立即点火，此时套压为2.3MPa。18：00，备好压井液170m³，开始压井，压井排量19L/s，先后注入密度为1.42g/cm³的加重压井液27m³、密度为1.33g/cm³的泥浆53m³。压井过程中套压逐渐减小，19：20套压为0，压井成功。

3. 井喷原因分析

（1）静停时间过长，天然气在井筒内大量积聚导致液柱压力急剧降低是井喷发生的直接原因。从电测结束到井喷时间超过12h，造成了天然气在井筒内大量积聚。

（2）井控意识不强、浅层气井控经验不足是事件发生的重要原因。井队人员井控意识较差，认为不会有过多天然气进入井筒，思想麻痹，致使长时间下钻不到井底时没有采取有效的处置措施。

4. 教训及认识

（1）提高浅层气井控意识，及时发现，及时处理是关键。相对而言，浅层气能量小、压力低、井喷来得快，而施工设备、队伍配置较弱，加之目前针对性的井控技术手段少，所以浅层气井控风险高，难度大。

（2）浅层气井施工缩短静停时间，尽快下钻到底或是分段循环是浅层气井控的重要思路。本次通井下钻遇阻大，不能尽快到底，可采取分段循环除气的办法增大液柱压力。如下钻至507m，循环表明井内发生气侵，但从井深507m下钻到井深1030m近5h，没有进行循环排气。

（3）充分考虑冰冻对施工造成的后果，做好设备防冻保暖工作，是冬季井控工作的重点。该井队没有冬季施工经验，估计不足。11月7日最低气温达到-10℃，没有对井控设备采取有效的防冻措施，也没有有效的应急预案，导致设备不能正常运转，延误关井时间。

塔中 823 井井喷事故

1. 塔中 823 井基本情况

塔中 823 井是部署在塔中低起 I 号坡折带 82 号岩性圈闭上的一口重点评价井，位于巴州且末县境内，距沙漠公路直线距离 5km，距塔中 1 号沙漠公路直线距离 9km，距塔中作业区约 40km，距最近的村庄约 200km。该地区为沙漠腹地，无长住居民。

塔中 I 号坡折带是塔里木油田公司 2005 年发现的一个超亿吨油气田，资源量达到 $3.6×10^8t$，有利勘探面积 $1100km^2$。

该井由中国石化集团公司下属的胜利钻井公司(塔里木第六勘探公司)以总包的形式承钻，于 2005 年 7 月 23 日开钻，11 月 8 日钻至井深 5550m，11 月 10 日完井中测，用 8mm 油嘴求产，油压 42.56MPa，日产油 $88.8m^3$、气 $32.6×10^4m^3$，含 H_2S 20 ~ 1000ppm($0.03g/m^3$ 至 $1.5g/m^3$)。该井于 11 月 21 日 12：00 完井，进行 VSP 测井，至 11 月 29 日 14：00 正式转为试油。12 月 16 日碘量法实测 H_2S 浓度为 14834ppm ($22g/m^3$)。

该井一开用 12¼in 钻头钻深 803.00m，9⅝in 套管下深 803.00m；二开用 8½in 钻深 5371.00m，7in 套管下深 5369.00m；三开用 6in 钻头钻至 5550.00m，回填固井至 5490.00m。油管下深 5365.73m，封隔器坐封不成功，油套管相互连通。

2. 井喷发生与处理经过

2005 年 12 月 24 日 13：00 该井开始试油压井施工，先反挤清水 $90m^3$，再反挤入密度为 $1.25g/cm^3$、黏度为 100s 的高黏泥浆 $10m^3$，随后反挤注密度为 $1.25g/cm^3$、黏度为 50s 的泥浆 $120m^3$，此时套压下降至 0。

18：00 正挤注清水 $24m^3$、密度为 $1.25g/cm^3$、黏度为 50s 的泥浆 $35m^3$，此时油压、套压均为 0。观察期间套压上升 2~4MPa，往油套管环空内注入泥浆三次，共注入泥浆 $27m^3$，其中 26 日 6：30~6：55 往油套管环空内注入泥浆 $17m^3$，套压由 4MPa 下降至 0，开始将采油树与采油四通连接处的螺丝卸掉。7：05，油、套压均为 0，无泥浆或油气外溢迹象。吊起采油树时井口无外溢，将采油树吊开放到地上后约 2min 井口开始有轻微外溢，立即抢接变扣接头及旋塞，至 7：10 抢接不成功，此时泥浆喷出高度已经达到 2m 左右。到 7：15 重新抢装采油树不成功，井口泥浆已喷出钻台面以上高度。井队紧急启动《井喷失控应急预案》，全场立即停电、停车，并由甲方监督和平台经理组织指挥井场和营房区共 71 名作业人员安全撤离现场。

塔里木油田公司接到塔中 823 井井喷报告后，立即按程序向中油股份勘探与生产分公司做了汇报，并迅速启动了油田突发事件应急救援预案，立即成立以总经理为组长的抢险工作组，第一时间赶赴现场，组织以塔中 823 井为半径的 7～100km 范围内的 10 家单位 1374 人全部安全撤至安全区。为确保过往车辆人身安全，巴州塔里木公安局分别对肖塘且末民丰至塔中的沙漠公路进行了封闭，油田抢险车辆携带 H_2S 监测仪和可燃气体监测仪方可通过。

12 月 26 日中午，抢险小组携带 H_2S 监测仪和正压呼吸器进入井场，勘查现场情况，经检测，现场距离井口 10m 左右 H_2S 浓度不超标(人员顺风口进入现场，检测仪器未显示出含 H_2S)。同时，塔中 823 井方圆 20km 以外的作业区场所，由专人负责监控现场 H_2S 浓度。根据勘查结果，制定了两套压井作业方案，并报请股份公司通过。

先进行清障作业，清除井口采油树，推副井场，准备 4 台 2000 型压裂车组，储备水 200m^3、密度为 1.30g/cm^3 的泥浆 400m^3，从油管头四通两侧接压井管线并试压合格。12 月 30 日进行反循环压井施工作业，共泵入密度为 1.15g/cm^3 的污水 110m^3，压稳后抢装旋塞，然后正反挤 1.30g/cm^3 的泥浆 173m^3，事故解除。

3. 井喷原因分析

通过对事故调查结果综合分析后认为，本次事故在地质和工程方面存在一定的意外因素：

(1) 地质原因。

该井地层属于敏感性储层，经酸压后沟通了缝洞发育储层及喷、漏同层，造成压井泥浆密度窗口极其狭窄，并不易压稳。

(2) 工程原因。

按照目前国内的试油工艺和装备，将测试井口转换成起下钻井口时，需要卸下采油树，换成防喷器组。因此，井口有一段时间处于无控状态，这是目前试油工艺存在的固有缺陷。

但本次事故也存在很多人为责任因素，总的来看，造成本次井喷事故的原因有以下几个方面：

(1) 井队未严格按照试油监督的指令组织施工，是导致本次事故的主要原因。

试油监督在 2005 年 12 月 23 日下达的《塔中 823 井压井、下机桥、注灰作业指令》中明确要求了挤压井的工作程序，和挤压井完后的具体观察的要求，即"压井停泵后，观察 8~12h，观察过程中，在时间段内记录静态下地层漏失量，出口无异常"后，方能拆采油树。而井队从 6：30~6：55 往油套管环空内注入泥浆 17m³，套压由 4MPa 下降至 0，7：05 井队值班干部便指挥班组人员起吊采油树，严重违反了监督指令的要求，是造成此次井喷失控的主要原因。

（2）井队对地下情况认识不足，在井口压力不稳的情况下，擅自进行拆装井口作业，是导致本次事故的直接原因之一。

现场试油监督在生产会上明确要求：在进行拆卸采油树的施工作业前，必须往井筒内各反挤、正挤密度为 1.25~1.26g/cm³ 的泥浆。但井队人员却未给予应有重视，从 6：30~6：55，往油套管间的环空内注入 17m³ 泥浆，观察套压由 4MPa 降为 0 后，在未进行正挤泥浆及其他有效的技术和安全措施的情况下，便擅自组织拆装井口作业，致使拆装作业过程中井口失控。这一作业行为，严重违反了塔里木油田企业标准 Q/SY-TZ 0075—2001《试油换装井口作业规程》中第 4.1 条"换装井口之前，应将井压稳后再进行"的规定。

（3）拆卸采油树之后，未能及时抢装上旋塞是导致本次事故的另一直接原因。

试油巡井监督反复要求：要准备 3½in 油管与 3½in 钻杆之间的变扣接头与旋塞连接好，在拆完采油树后，立即在油管挂上装上旋塞（配变扣接头）。但井队未能在拆卸采油树前将变扣接头和旋塞连接好，并在井口出现溢流抢接旋塞和变扣接头时失败，是导致本次事故的另一直接原因。

（4）井队在拆装井口过程中，未及时通知试油监督和工程技术部井控现场服务人员，使整个施工过程中，缺乏应有的技术指导，是导致本次事故的另一重要原因。

塔里木油田企业标准 Q/SY-TZ 0075《试油换装井口作业规程》中第 4.2 条明确要求"拆装井口前，应做好一切准备工作，拆装井口作业应由监督指导，井队工程师亲自指挥"。另外，油田公司《安装套管头及采油树专业化服务规定》中也要求"换装套管头及采油树应由工程技术部负责技术指导和试压"，但井队在未通知试油监督和工程技术部井控现场服务人员的情况下，就擅自组织夜班人员进行拆装井口作业，严重违反了上述规定和标准要求。由于没有技术管理人员在场，致使井口失控时，不能得到及时的技术支持，延误了控制井口的时机。

（5）井队技术力量薄弱，施工作业能力和应变能力较差，也是造成本次事故的原因之一。

塔中 823 井是高压、高产、高含硫的凝析油气井，是油田 2005 年部署的重点评价井之一，但就是这样一口高难度、高风险的复杂井，第六勘探公司却为井队配备了一名于 2004 年 7 月毕业、现场技术和管理经验都较贫乏的助理工程师独立顶工程师岗。

该井关于拆装井口的应急预案中对 H_2S 的安全防护和应急方面的问题只字未提。所有这些情况都反映了该井队技术力量的薄弱和安全管理上存在的问题。

（6）监督指令下达不规范，也是其中一个间接原因。

该井驻井试油监督于 2005 年 12 月 23 日起草的监督指令上未有甲乙双方的签字，且指令中对巡井监督提出的两条关键性施工要求未被列入，而只是在生产会上口头下达给井队。事发当日凌晨，驻井场试油监督未能及时察觉并亲临井口组织指导井队拆卸采油树，驻井试油监督在本次事故中负有监督不力的责任。

4. 经验教训

（1）对高含硫油气井必须给予高度重视，要进一步加强技术力量的配备。

对高压、高产和高含硫的油井必须从甲乙方双方加强技术力量，加强 H_2S 知识的安全培训，正确认识和科学防护 H_2S，并明确责任，密切协作。同时加强对各类危害和风险的识别评价，从技术方面制定出科学周密的措施；要制定切实可行的预防和控制措施，特别是建立针对性强的应急预案，并分解到各相关岗位予以贯彻落实，通过加强技术力量，从源头上保证高含硫油气井的施工作业安全。

（2）应进一步加强对钻井及相关作业队伍的管理。

今后几年油田勘探工作任务重，钻井工作量大，钻井及相关作业队伍出现供不应求的局面。一些承包商队伍将一些工龄较短、工作经验不够丰富的技术管理和操作人员推上一些关键岗位，如 60130 队的工程师是 2004 年才毕业的助理工程师，现在就开始在井队独立顶岗，负责（在事发夜间）换装井口的夜班司钻也是在今年刚刚从副司钻岗位调整到司钻岗位。同时，不少乙方基层单位人员反映，由于工作量大，人员不足，施工队伍人员倒休也受到一定程度的影响，一些井队技术管理人员在前线一干就是半年，对身体和精神上都造成很大压力。人是安全生产的第一要素，上述存在问题给油田钻井及相关作业的安全生产带来潜在的巨大隐患。因此，油田应进一步加强对乙方施工队伍的监督管理，在加强对员工培训工作的同时，强化对施工队伍及人员的能力评价工作，并进一步培育油田钻井及相关作业队伍市场，以确保各施工作业队伍的人员能力满足油田勘探开发生产，特别是高难度、高风险井的施工作业要求。

（3）进一步加强对监督队伍的人才储备。

近年来，油田钻井及相关作业现场监督力量严重不足，固定监督短缺。由于种种原因，技术好的监督招不来，监督的综合素质不断降低，使油田监督队伍的整体业务素质和水平下滑，基层监督数量严重不足。

今后，油田应进一步加强监督队伍的人才储备和综合素质的提高，以适应油田不断发展的需要。

（4）健全完善 H_2S 安全防护管理制度，加大防硫安全投入。

油田应进一步健全完善相关的 H_2S 安全防护管理办法和相应的 H_2S 应急预案，为今后含硫油气田的大规模勘探开发提供可靠的安全保证。同时，要进一步加大在 H_2S 安全防护方面的科技投入，以进一步提高油田在含硫油气田的钻采、集输和储运方面的技术含量和管理能力，为油田含硫油气区的大勘探、大开发筑好基、铺好路。

（5）进一步增强对 H_2S 安全防护用具的配备。

本次抢险应急过程中也暴露出油田对 H_2S 安全防护用品投入不足，在整个抢险应急过程中，经常出现因安全防护器具配备不足而临时从别处紧急调配的情况。同时，对安全防护器具要严格定期检定校验制度，确保随时处于完好备用状态。

（6）进一步加强对油田相关人员 H_2S 的培训。

从油田长远考虑，应进一步加大对油田相关作业人员的防硫培训。油田今后应采取"请进来，送出去"的办法，加强与国内外油气田在防硫技术方面的交流和合作，以迅速提升塔里木油田的防硫技术和管理能力。

（7）完善《塔里木油田试油井控实施细则》，不断适应油田试油井控工作的需要。

随着油田高风险、高难度复杂油气井的增多，对试油井控技术的要求也越来越高。2005 年 6 月油田下发的《塔里木油田试油井控实施细则》（试行）虽然对指导油田试油井控工作起到很强的指导作用。但在实践过程中发现，目前细则已不能完全适应一些高难度、高风险油气井试油工作的需要。今后《油田试油井控实施细则》在补充完善过程中，应着重考虑以下几方面内容：

① 在细则中应补充有关试油拆装井口作业的相关内容。

② 喷、漏同层或含 H_2S 井在换装井口拆采油树前，油管内必须控制，否则不准拆采油树。

③ 研究在不动管柱情况下的封堵工艺技术，来封闭油气层，避开换装井口无控制环节。

④ 对试油、井下作业所用内防喷工具进行研究，研究带压情况下可下入和取出的内防喷工具，以确保在换装井口期间的井控安全。

⑤ 各辅助专业队伍（指钻井队、修井队以外的测试队、地面计量队、射孔队、酸化压裂队等）也要加强现场生产管理，提高作业者的技术水平和自我防护能力，加强井控知识、H_2S 危害知识的培训，杜绝违章作业和无证上岗，对重要岗位员工的培训一定要加强。各辅助生产单位要加强与钻井队、修井队的密切配合，高风险工序施工作业前要充分做好风险评估和职责分工；要做好应急预案，把每道工序的责任落实到岗、明确到人，安全生产措施要突出预防、强化控制。

5. 下步措施

油田公司认真总结了 TZ823 井井喷失控原因及教训，2006 年将继续加大井控管理力度，加大购置井控装备的投资力度，努力杜绝井喷及井喷失控事故的再度发生。主要从以下几个方面着手：

（1）进一步规范井控工作行为，对《塔里木油田井控管理办法》《塔里木油田钻井井控实施细则》《塔里木油田试油井控实施细则》《塔里木油田井下作业井控实施细则》进行修订，完善相关内容。

（2）加强施工作业队伍的管理工作。一方面加强现场施工作业的监督力度，严格执行相关标准和规定，只允许规定动作，不允许自选动作。另一方面，保障监督的人员素质，提高监督队伍的技术和业务能力，保证现场监督的质量。

（3）抓好试油、井下作业关键环节的井控工作，派井控经验丰富的技术人员驻井负责指导施工作业，并制定详细的技术措施和应急预案。

（4）加强油田各级井控检查、督查以及检查整改力度，把井控隐患消灭在萌芽状态。

（5）继续进行井控集中统一培训，努力提高井控培训的质量；针对不同专业、不同类型的岗位进行培训。培训紧密结合现场实际及典型的井喷失控案例，提高实际操作能力。

（6）在全油田范围内开展井控宣传工作。制作塔里木油田井控失喷案例板报进行宣传，提高油田员工的井控安全意识。

（7）加大井控科研攻关力度，研究适合钻井、试油、井下作业的内防喷工具，确保内防喷可靠；尤其是要研究适合试油、井下作业的内防喷工具，确保换装井口作业的可靠；研究适合试油、井下作业的井控装备，提高作业的井控安全。

（8）加大对现有井控设备的检测力度。加强对老化井控装备的检测，及时发现设备存在的缺陷，消除井控装备失效的因素。

（9）努力解决井筒一致性和完整性问题。使用高强度套管，提高套管抗内压强度。

（10）进行套管防磨技术研究，采用套管防磨新技术，解决套管磨损问题，达到减少井控安全风险的目的。

文 13-120 井井喷失控事故

1. 文 13-120 井基本情况

井喷时间：1996 年 8 月 10 日。

层位：沙三中亚段。

井深：3532m。

该井是中原油田的一口调整开发井，Φ244.5mm 技术套管下至 2748.93mm，Φ215.9mm 钻头钻至设计井深 3532m，进入沙三中亚段油层，留足 50m 口袋后完钻，完钻时钻井液密度为 1.88g/cm³，井口装有双闸板防喷器和环形防喷器。

2. 井喷失控发生与处理经过

1996 年 8 月 10 日 15：00～11 日 3：00 电测，3：15 坐岗工发现溢流，便通知了司钻、技术员和队长，准备组织抢下钻。当时司钻操作台漏气严重，由安全员组织抢修后开始下钻；下入 158.8mm 钻铤 2 柱，此时溢流量增大，返出量有近两个泵的排量，抢接方钻杆，关环形和上闸板防喷器，因流量过大，节流管汇振动厉害而无法节流，5：40 喷出钻铤 4 根，余两根落井。

第一次喷出物为钻井液，于 6：10 停喷；6：25 再次喷出，喷出物为水、气和岩屑；7：30 由于井塌而停喷，接钻杆入井；关井后灌钻井液 18.3m³，堵塞最高处约为 500m；损失 Φ158.8mm 钻铤 2 根，且井喷造成技术套管变形，致使该井报废。

3. 井喷失控原因分析

（1）起钻电测前没有做短起下钻，没测油气上窜速度，起钻抽吸及停止循环降低了当量密度，造成井内液柱压力不能平衡地层压力，是井喷的主要原因。

（2）思想麻痹，岗位责任制不落实，对井喷的严重性和危害性认识不足，自始至终没能认识到该井会发生井喷，是造成这起事故的重要原因。

（3）缺乏井控工作经验和相关技术知识，不能针对险情提出有效的井控措施。井队干部和岗位工人技术素质差，工作标准低，在处理完井电测溢流时，坐岗观察不落实，采取措施不果断，不符合井控工作的有关要求。

4. 事故教训

（1）思想重视不够，麻痹轻敌。总认为上了井控培训课，拿到井控证，并且已经九年没有发生井喷失控事故，不会发生井喷了，所以要求的多，检查落实的少是造成这次井喷事故的主要原因。

（2）基础工作薄弱，基本功差。

（3）发现空井溢流后处理不及时，延误了最佳时机。

（4）打开油气层前，文13-120井相邻注水井已经全部停注，但打开油气层后由于对注水井是否回注落实不够，注水压力增加了井内压力而引起井喷也是失控的原因之一。

（5）井队班自为战的能力太差。虽然进行了防喷演习，但怎样才能做到班组正确地进行班自为战，使每个干部职工能明白自己该怎样做，怎样才能做好，而且绝不能失误等也是本次事故的教训。

（6）干部值班制度不落实。完井电测时无干部值班，发现溢流后才找干部汇报，汇报后又同意修气路没有立即采取措施，最终造成井喷失控。

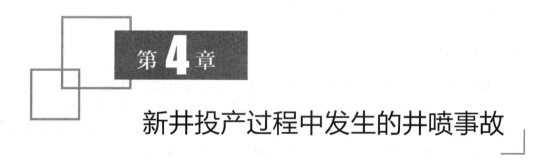

第 **4** 章

新井投产过程中发生的井喷事故

案例 29

BK6H 井井喷失控事故

2009 年 7 月 29 日，BK6H 井在完井测试作业替喷过程中发生一起井喷失控事故，经全力应急抢险，58h58min 后压井成功。事故造成 15000m² 戈壁滩轻度污染，未造成油气火灾爆炸、人员伤亡等次生事故。

1. BK6H 井基本情况

BK6H 井是西北油田分公司部署在巴楚县境内麦盖提斜坡巴什托构造的一口开发水平井，设计单位是分公司工程技术研究院。该井由中国石油西部钻探 70513 钻井队 2008 年 11 月 28 日开钻，2009 年 7 月 23 日钻至井深 5056.4m 发生漏失，井口泥浆失返，垂深 4765.5m(预测)，层位 C_1b。分公司开发处于 2009 年 7 月 23 日下达《关于对 BK6H 井油管测试的通知》，对该井漏失井段 4924.59~5056.4m 进行油管测试求产作业。

2. 井喷发生与处理经过

2009 年 7 月 28 日 23：30~29 日 2：45 从采油四通左侧反替密度为 1.45g/cm³ 钻井液 66m³，油管内返出密度为 1.98g/cm³ 的钻井液 3m³，泵压为 6~23MPa。

2：45~3：50 连接正替管线试压 45MPa 合格，套压由 23MPa 降至 18.5MPa，油压 0。

3：50~3：55 采油四通右侧装 6mm 油嘴开井，在准备正替时，发现油管头本体与右翼一号平板阀连接处的 BX153 法兰刺漏，用 32 扳手+600mm 的加力杠强行对刺漏法兰螺帽紧固，未紧动。

3：55~4：55 用与环空连接的第一台水泥车向井内泵注密度为 2.15g/cm³ 的钻井液，泵压为 18~28MPa，排量为 0.15~0.2m³/min，泵入量为 12m³。

4：00~7：00 在第二条供浆管线连接好后，用与采油树清蜡闸门连接的第二台水泥车向井内正注密度为 2.15g/cm³ 的钻井液，泵压：0~7~3MPa，排量：0.41~0.45m³/min，泵入 73m³。5：56 天然气外溢，未检测到 H_2S 气体。

7：00~7：30采油大四通与右翼一号平板阀连接处的BX153法兰刺漏严重，离井口20m处天然气浓度为12%~30%，泵车停泵熄火，井场人员撤离到生活区。法兰刺漏处喷出大量天然气、压井液和原油混合物。

7：30~9：00准备连接采油树左翼生产闸门压井管线，由于井场风向改变，人员再次被迫撤离井场。

（1）完井测试管理中心启动应急预案。

发生采油大四通与右翼一号平板阀连接处的BX153法兰刺漏后，4：15完井测试管理中心启动井控异常应急预案，同时上报西北油田分公司领导、分公司应急指挥办公室、油田治安消防中心。现场人员被迫撤离后，在生活区域通向井场道路设置警戒区域，杜绝无关人员进入，同时监测井场天然气浓度。10：20从雅克拉采气厂巴什托站组织拉运60根3½in油管作为压井管线。10：30组织挖掘机进入原油流淌区域进行疏通、围堰。利用有利风向进入距离井口约10m处观察井口刺漏情况。工程监督中心巴楚项目部通知邻井（BK7井、BK8井和BK9井）井队配置2.15g/cm³的高密度钻井液450m³。

（2）西北油田分公司启动应急预案。

启动应急预案。分公司4：20接到报警，于4：30启动分公司应急救援预案。完井测试管理中心抢险人员、治安消防中心消防、气防、医疗救护人员和特种工程管理中心的特种机具车辆从塔河油田出发，于15：00赶到现场。分公司副总经理和相关部门、单位的领导、技术人员在当天18：30前到达事故现场，成立现场抢险指挥部，下设七个专业小组开展工作，并立即对事故现场进行了勘察，着手制定抢险方案。20：00~21：00召开了第一次抢险工作会议，布置各小组的具体工作任务和安全要求，组织专家制定了压井方案：拆卸采油树大四通右翼2号闸阀安装堵塞器，采用正挤压井、反挤压井；方案一：按照正挤压井的方案实施；若方案一不成功，准备切割井口和注水泥两个方案；邻井（BK7井、BK8井和BK9井）井队配置2.15g/cm³的高密度钻井液400m³及堵漏钻井液50m³。

中国石化领导和专家当日赶赴现场，21：20~23：20现场听取了开发处、生产运行处、工程技术处等部门有关BK6H井区开发地质资料、现场准备情况以及现场领导小组压井方案的汇报后，首先肯定了分公司制定的压井方案，并就压井中的细节进行了讨论，形成了统一的意见。

（3）初次作业失利。

2009年7月30日15：20~15：45，按照既定方案拆卸采油树大四通右翼2号闸阀安装堵塞器，在右侧立管拆卸后，发现BX153法兰的栽丝发生断裂，采油树大四通右翼1号、2号闸阀下落，无法实施安装堵塞器作业，现场召开紧急会议，经过讨论后，确定下步压井方案：

① 现场配置600m³密度为2.15g/cm³的加重钻井液（已配置450m³，正循环压井），

排量控制在 4m³/min 左右，现场控制施工压力不超过 50MPa。

② 若压井不成功，组织配置 400m³ 重晶石氯化钙钻井液进行二次压井（井场已到加重材料 800t，再组织运送氯化钙 120t，配置 400m³ 重晶石氯化钙钻井液备用）。

③ 要求各专业组按照抢险方案各行其责，尽快完成调配物资设备、清理井场、简易路面加宽加固、配浆、改造安装泥浆罐、安装压井管线等准备工作。

（4）再次作业成功。

2009 年 7 月 31 日 16：00 各项准备工作全部到位，16：40 召开压井动员大会，进一步确定了各专业职责和压井具体步骤。

17：06~19：58 正挤密度为 2.15g/cm³ 的钻井液 168m³，泵压为 53.5~33.6MPa，排量为 1.06~1.5m³/min；其中注入 20m³ 时喷势减弱，18：40 注入 95m³ 时法兰刺漏处停止出液。19：58~20.45 正挤密度为 2.15g/cm³ 的堵漏钻井液 38.7m³，18：55~19：45 开左翼套管闸门，右翼装 VR 阻塞器。

20：45~21：01 正挤密度为 2.15g/cm³ 的钻井液 15m³，泵压为 36.2~18.4MPa，排量为 0.83~1.09m³/min。

21：01~21：36 停泵观察，泵压为 0，井口不出液，压井成功。

此次井喷失控的处理历时 58h58min，抢险救援工作未造成人员伤亡和次生事故。

22：00 钻井队组织清理井场，清洗设备。

8 月 1 日 12：00 启动柴油机，调试提升系统，16：00 开始穿换井口采油大四通、采油树，21：30 井口装置试压合格。

3. 井喷原因分析

（1）直接原因分析。

① 现场试压存在违章漏项是造成事故的直接原因。

采油树与四通在启运之前，虽由承包商试压合格，但该承包商既无试压资质，操作人员也未取得井控操作证和 HSE 培训证，很难保证试压质量。运至井场并完成安装后，设计方和管理方仅对采油树及管线进行再次试压提出要求，而以现场试压条件不具备为由放弃了对采油四通试压要求，违反《常规地层测试技术规程》（SY/T 5483—2005）标准等有关井口安装后必须进行全套试压的规定。

采油树和四通在基地试压合格后运至井场，须经数百公里运输，长距离的路途颠簸，再加上安装和替喷过程产生的振动，极易造成四通法兰密封松动（目前不能完全排除因材料和质量原因造成四通法兰刺漏的可能）。由于替浆作业前未对四通进行试压，故未及时发现这一隐患，因而在反替作业结束刚刚转入正替作业时，造成右侧法兰刺漏。

② 管理低标准是泄漏升级为失控的主要原因。

主要体现在四个环节：一是现场未安装正规压井管汇和液控节流管汇及放喷管汇。

二是四通右侧节流放喷流程被 6mm 测试流程取代，在法兰出现刺漏后不便正替压井。三是在发现四通法兰出现刺漏时，盲目采取先反替压井后正反同时压井的应急处置措施，进一步加剧了法兰刺漏。四是两台 700 型水泥车各自连接到环空压井流程和油管压井流程，人为造成了压井排量的不足。此 4 个问题和高密度加重泥浆的共同作用，在应急处置过程中，实际起到了加剧刺漏的负面作用，也错过应急处置的最佳时机，并最终使泄漏升级为失控。

（2）设计严重缺陷是造成事故的根本原因。

① 甲方编制的施工设计和乙方编制的施工组织设计，对四通法兰及闸阀安装完毕后必须进行试压均无任何要求；对四通闸阀及法兰潜在的刺漏风险也未提出针对性的防范措施。

② 甲方施工设计的乙方组织设计均无四通两侧压井、放喷流程图。

③ 甲方设计中要求以大排量替浆措施确保密度为 $1.45g/cm^3$ 的泥浆正反替 $1.98g/cm^3$ 泥浆的条款过于模糊，"大排量"定量数据不清楚，对替浆车型和组装连接方式均无明确要求，给施工管理单位和施工单位具体执行带来困难。

4. 管理方面原因分析

（1）测试施工管理严重缺陷是造成事故的另一个重要原因。

① 未针对该井曾发生严重漏失（静止状态下约 $3m^3/h$）的特殊情况，明确提出坐油管挂后的环空灌泥浆要求，致使环空替泥浆作业前长达 6h 未灌泥浆。

② 未执行油管测试施工设计要求，仅用一台 700 型水泥车进行反替浆作业，结果是耗时 3h15min 仅替浆 $66m^3$。

③ 完井测试管理中心委托的试压单位既未取得试压资质，操作人员也未取得井控操作证和 HSE 培训证，很难保证试压质量的可靠性。

上述 3 个因素导致油气上穿、环空油气窜槽和试压作业的不可靠，从而预伏了井喷失控风险；也有可能是开井后，在 6mm 油嘴的限流下，环空压力剧烈上升，导致了右侧法兰刺漏。

（2）设计单位工程技术研究院和施工管理单位完井测试管理中心安全意识淡薄，没有认识到 BK6H 井属于高压、高油气比、严重漏失和水平井的重要性，仍按普通开发井设计和管理。采油四通现场安装后，仅靠以往经验对两侧法兰及闸阀试压的特殊风险认识不足，未制定具体的防范措施，也是事故发生的原因之一。

（3）采油四通安装到井口后，传统的现场试压工艺不能解决两侧法兰及闸阀试压的问题。

（4）尚未按有关标准的要求修订完善该地区完井测试井控实施细则，尚未制定出高气油比、高压、高产井采油树完井测试投产等安全技术标准。

5. 事故防范措施及建议

根据上述调查分析，下步安全管理重点做好以下几个方面的工作：

（1）委托中国石油大学安全研究所进一步核查事故发生的直接原因。

（2）着力解决油气井口现场试压问题，根据现场采油四通不能完全试压的情况，尽快研究解决采油四通两侧法兰及闸阀现场试压问题。

（3）委托国内有资质机构承担井控设备及井口设备试压检测任务。

（4）进一步完善井控安全管理制度。其中包括组织修订井控管理规定，制定完井测试井控实施细则，出台高压、高产、高含 H_2S 采油树完井测试投产企业标准，并制定井喷事故问责制。

（5）规范完井测试施工设计审查现场管理。

（6）按照国家应急管理部提出的应急预案分级备案的要求，全面开展井控应急预案修订完善工作，提高预案的可操作性和实用性，并按程序组织专家审查和备案。

案例 30

新 926-2 井井喷事故

1. 新926-2井基本情况

新926-2井是西南油气分公司部署在新场构造沙溪庙组气藏难动用储量的一口开发评价井，位于四川省德阳市德新镇文泉村。该井于2009年4月4日开钻，5月7日完钻，完钻井深2923m，5月11日固井。井身结构如图4-1所示。

2009年5月19日18∶55，在下压裂管柱过程中发生井喷，5月20日17∶30压井成功。

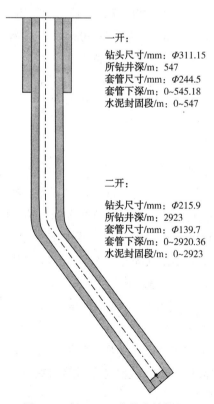

一开：
钻头尺寸/mm：Φ311.15
所钻井深/m：547
套管尺寸/mm：Φ244.5
套管下深/m：0~545.18
水泥封固段/m：0~547

二开：
钻头尺寸/mm：Φ215.9
所钻井深/m：2923
套管尺寸/mm：Φ139.7
套管下深/m：0~2920.36
水泥封固段/m：0~2923

图 4-1　新926-2井井身结构图

2. 井喷发生及处理经过

2009 年 5 月 18 日进行射孔作业，射孔井段为 2343～2348m 和 2490～2495m。19：00～22：52，开井观察，放喷口有少许压井液（清水）流出，油、套压均为 0，放喷口点火火焰高 0.2～0.3m，5min 后熄灭。22：52～23：52，敞井观察。

5 月 19 日 0：40～1：10，清水 30m³ 正循环洗井脱气；1：10～2：10，敞井观察，无溢流；2：10～5：40，起出射孔管柱；5：40～10：20，下通井刮削管柱；10：20～11：00，清水 28m³ 正循环洗井脱气；11：00～12：00，敞井观察，无溢流；12：00～17：00，起通井刮削管柱；17：00 开始下压裂管柱；18：55，当 Φ73mm 油管下至 148.83m 时，突然发生井喷，立即关闭 35MPa 试油防喷器，抢装旋塞未成功；至 19：10，井口连续喷出压井液（清水），之后喷出天然气，气柱高 10～15m，喷出天然气不含 H_2S 和 CO_2。

按照企地应急联防预案，立即开展了以下抢险工作：一是及时对井场周边区域采取停电、截断火源措施。二是用 4 支消防枪连续向天然气柱喷水，防止着火。三是对井场周边两公里范围内道路进行交通管制。四是疏散并妥善安置井场周围 500m 范围内约 500 名群众。同时，西南油气田组织专家制定抢险方案。5 月 20 日 3：35 抢接四通成功，5：15 在井场外的放喷管线放喷口点火成功，险情得到有效控制。之后，制定压井方案、配置密度为 1.90g/cm³ 的压井泥浆 70m³，并储备 80m³ 密度为 1.88g/cm³ 和 60m³ 密度为 2.00g/cm³ 的备用压井泥浆，做各项压井准备工作。17：00 开始压井，用压裂车向井内泵注密度为 1.90g/cm³ 的压井泥浆 37m³，排量为 1.5m³/min，泵压由 4.47MPa 逐渐降至 0，17：30 压井成功，抢险结束。

3. 井喷原因分析

（1）直接原因及主要原因。

① 在施工过程中洗井不充分、观察时间不够、溢流判断不准确、起下通井刮削管柱速度过快，一系列违章作业是导致此次事故发生的直接原因之一和主要原因之一。

下完通井刮削管柱后只用 28m³ 清水正循环洗井脱气 1 周，洗井后只观察了 1h；在下压裂管柱过程中未准确计量排出液量，导致不能准确判断溢流情况；起下通井刮削管柱速度过快，基本保持在 1 根油管/分钟。

② 在高压低渗低产的沙溪庙组 JS_2^1、JS_2^3 层试气采用清水压井施工的经验做法，也是导致此次事故发生的直接原因之一。

该井采用密度为 1.0g/cm³ 的清水作为压井液，不能平衡实际地层压力。

③ 产层突然出现异常高压气流，也是导致此次井喷的直接原因之一。

（2）管理原因。

① 该井试气没有地质设计和工程设计，施工设计不规范且无井控设计，是导致此

次事故发生的重要原因。

② 对地震后可能造成产层物性变化等新情况和沙溪庙组曾经出现过两口生产井射孔后获得一定产能的特殊情况重视不够。

该井周围以前所钻井的相同层段清水射孔后基本无气或微气(小于 3000m³/d),加砂压裂后才有工业产能。该井是该区块"5. 12"地震后第一口开发 JS_2^1、JS_2^3 层(难采储量)的开发评价井,对地震可能造成产层物性变化等新情况没有引起足够重视,经对整个沙溪庙组气藏近几年 67 口开发井的统计,曾有川孝 601−1 井和川孝 602 两口井射孔后分别获得天然气产量 $1.4×10^4 m^3/d$、$0.6×10^4 m^3/d$ 的一定产能,对此特殊情况也未引起足够重视,仍然采用清水压井试气的经验做法,且在施工过程中没有采取有效的防范措施,是导致此次事故发生的又一重要原因。

③ 甲方在试气监督管理、井控管理、承包商管理、安全管理等方面体制不健全、存在漏洞,也是导致此次事故发生的原因之一。

甲方在该井试气作业过程中未派驻井监督;将该井试气作业按不同工序分别承包给试油队、修井队、射孔队、压裂队,且无现场井控安全综合监管人员,人为增加了现场作业安全风险;没有专职安全、监督和井控管理人员,安全、井控和监督管理体系不健全。

4. 教训及认识

(1) 进一步强化测试和采输井控安全意识,严格执行井控操作规程,遵守井控管理的各项管理规定,严控任何可能诱发井喷事故的各种因素。

(2) 完善甲方管理,如实行大包管理、设置专职安全员、在关键环节实行驻井监督管理等。

(3) 对低渗异常高压气藏进行深入研究,修正清水压井等经验做法,制定试油、修井作业井控实施细则。

案例 31

AD4 井井喷失控事故

1. AD4 井基本概况

AD4 井是中国石化西北分公司部署在新疆库车县境内阿克库勒凸起西斜坡构造带的一口勘探井，由塔里木第七勘探公司大港 70521 钻井队承钻。

2007 年 3 月 10 日 20：50，中国石油塔里木第七勘探公司大港 70521 钻井队和中国石化西北分公司完井测试中心完井监测队，在西北分公司所属的 AD4 井下油管作业过程中，发生了一起井喷失控事故。经过 46.5h 的连续奋战，于 3 月 12 日 19：29 关闭防喷器，压井成功。

2. 井喷发生经过

2007 年 3 月 7 日，西北分公司工程技术处向完井测试中心下达了 AD4 井完井作业任务书。完井测试中心安排完井监测队承担该井完井施工。

3 月 8 日 10：00~23：30 该井进行电测作业，期间该井发生两次溢流，均得到有效控制，井口未发现 H_2S。14：00~16：00 完井监测队计量三队在地面分别对 SFZ18-35 型试油防喷器 $3\frac{1}{2}$in、$2\frac{7}{8}$in 闸板按要求试压合格，防喷器开关可靠。

3 月 9 日电测作业结束，10：30 钻井队进行拆钻井井口装置准备。11：15~20：40 钻井队拆钻井井口装置，计量三队安装采油大四通及试油防喷器组合，对 BX160 法兰按设计注脂、试压合格，随后进行下油管作业。

3 月 10 日 4：00 环空出现溢流，关闭 $2\frac{7}{8}$in 试油防喷器，连接防喷阀门控制溢流。4：00~12：20 环空平推密度为 1.19g/cm³ 的无固相完井液 265m³，油管平推 15m³。12：20 打开防喷器 $2\frac{7}{8}$in 闸板，环空未见液面，井内有倒吸现象。12：20~20：10 继续下完井管柱，要求钻井队连续向环空灌无固相完井液，保证井筒与地层压力平衡。

20：10 完井管柱下至井深 3217.15m[$2\frac{7}{8}$in 油管 2937.15m（305 根）+$3\frac{1}{2}$in 油管 280m（32 根）]时，发现环空溢流，溢流物为井内无固相完井液，要求钻井队抢装防喷旋塞阀、计量三队抢关试油防喷器。20：10~20：22 钻井队抢装防喷旋塞阀，计量三队三人抢关 3½in 试油防喷器闸板 2 次,未成功(期间该井由溢流发展至井涌,井涌高度超过试油防喷器上端面约 1m,溢流物为井内无固相完井液)。20：22～20：30 要求钻井队上提完井管柱,将 3½in 油管接箍提出试油防喷器上法兰端面约 10cm 后,计量三队对试油防喷器进行试关操作,仍未成功(期间井口井涌高度超过试油防喷器上端面且由 1m 增至 1.5m,涌出物为无固相完井液)。20：30 完井测试中心接到现场报告后,立即启动井控异常应急预案,并向应急中心报告。20：30～20：50 为了抢接油管挂,钻井队取出小方补芯,拆卸旋塞阀,因扭矩过大将油管钳上颚板损坏,立即更换备用油管钳。由于环空井涌高度至转盘面,油管内井涌高度约 1m,开始出现原油,钻井队固定式 H_2S 检测仪开始报警(设定报警值 15ppm);钻台作业人被迫撤离。在钻台人员组装连接油管挂期间,完井监测队进行试关 3½in 防喷器闸板两次均未成功。

3. 井喷应急抢险经过

21：03 完井测试中心接到现场报告后,立即启动应急预案,指令现场作业人员设立警戒区。同时安排应急救援人员奔赴作业现场。

21：15 现场人员疏散完毕,完井监测队在距井口 300m 进入井场道路上设立警戒线,并佩带 H_2S 防护用品对 H_2S 浓度进行监测(未监测到 H_2S 气体)。

21：30 成立现场应急抢险领导小组,应急小组佩戴正压式呼吸器、携带 H_2S 检测仪前往井场踏勘,踏勘小组进入井场后发现整个井场已被井内喷出的原油覆盖,从正面无法继续向井口靠近,勘察小组沿井场边缘绕至泥浆池边缘,由于没有应急照明设备,无法进一步察看详情,踏勘小组沿原路返回。

西北分公司生产运行处 20：52 接到险情报警电话后,立即通知分公司领导并立即组织启动分公司井喷失控应急预案。中国石化西北地区应急中心第一时间到达,立即设置警戒区域,对 H_2S 气体进行不间断检测,H_2S 含量初期最高 80ppm,一般为 5ppm,最低含量 0。并做好了气防、消防、人员救护等准备工作。

3 月 10 日 23：40 制定了 AD4 井 4 个抢险方案。方案一:作业人员进入钻台下面试关防喷器,若成功,则进行反压井作业。方案二:若试关防喷器不成功,则抢换 3½in 闸板芯。方案三:若第一和第二方案均不成功,则上钻台,抢装油管旋塞阀,进行正压井作业。方案四:若以上方案均不成功,则抢换全封闸板芯,开吊卡扔油管入井,关全封闸板,进行压井作业。

3 月 11 日 0：00～16：00 进行了以下准备工作:井场垫路,建立作业道路,疏导油流;接压井管线、泵车,运送密度为 $1.60g/cm^3$ 的泥浆和密度为 $1.15g/cm^3$ 的油田水;清除井场障碍物,建立作业面;组织作业工具;组织现场抢险突击队,并进行战前演练。

3 月 11 日 18：40 进行初次作业,由于钻台下工作面油太多、太厚、温度较高而且很滑,突击队员进入钻台下面后无法站立,无法进行试关防喷器作业。

3月12日15：05进行再次作业，突击队进入钻台下，安装远程防喷器开关套筒扳手，16：08左右两翼套筒扳手成功抓住防喷器手柄，16：45~19：00突击队员进入钻台下，进行穿大绳作业，在用棕绳对油管进行适当扶正时，棕绳被喷涌出的原油切断，现场指挥下达强行关闭命令，19：29进行远程试关防喷器作业成功，20：16突击队员上钻台，抢装油管旋塞阀成功，用时46.5h，使AD4井井口失控得到有效控制，抢险作业宣告成功。

环空关井成功后，19：30使用密度为1.16g/cm³的油田水环空平推压井，开始使用小排量平推，压力为4.6MPa，20：05压力下降到1.8MPa，增大平推排量为2m³/h，压力为7.5MPa，21：16共平推油田水130m³，停泵，回压为0，压井成功。

4. 事故原因分析

（1）井队坐岗人员没有严格执行坐岗制度，当补液量发生变化时井队未采取有效措施，是导致该井在下油管作业中发生第二次溢流的直接原因。

① 该井在前期钻遇完井井段、电测作业、拆换井口和下管作业过程中，井筒压井液漏失严重，井口液面观测不到，压井液密度难以选择，准确补液量不宜掌握，安全窗口小。

② 在下完井管柱阶段，从平推压井后的3月10日12：20~20：10向环空连续补液过程中，依据施工现场分工（《AD4井常规完井井施工设计》中的4.1施工注意事项的第七条"钻井队负责压井及井口防喷工作"；下完井管柱技术交底会的记录内容："井队做好观察井口工作及做好井控工作"。井队负责压井及井口防喷工作，但井队坐岗人员未及时监控井筒压井液漏失情况并采取有效的措施，造成向井筒补液不足，油气与压井液置换，地层油气进入井筒，液柱压力低于地层压力，导致第二次溢流。

③ 现场技术管理人员在技术交底会上对井队井控工作提出了具体要求，但没有按规定进行跟踪检查，未及时纠正井队坐岗人员的违章行为。

（2）施工作业人员在溢流发生时现场处置不当，没有及时关闭防喷器，是造成井喷的主要原因。

① 技术管理人员在发生溢流时，组织进行抢关试油防喷器5次，但没有发现井口不正、油管不居中的情况，所以没有及时组织人员采取人工对中作业，致使抢关试油防喷器失败。

② 钻井队施工作业人员井控意识淡薄，在发生溢流完井监测队人员关闭试油防喷器时，没有主动配合、积极协作，配合完井监测队采取人工对中和增加人员协助关闭试油防喷器等工作。

（3）防喷工具准备不充分，应急预案缺乏针对性，致使抢装油管挂，进行坐油管挂封堵油管、套管工作失败，是造成井喷失控事故的重要原因。

① 完井监测队计量负责人，对该井的完井工具材料准备不充分，对送井替代双公

变丝的非常规短油管，没有提前进行卸扣，未提前做好战前准备工作。

②完井作业应急预案不完善，在施工前未进行多方交叉井控应急演练。

（4）完井测试中心安全管理工作存在漏洞，制度不完善也是发生这次事故的原因。

①完井作业期间的交叉、配合作业的安全管理制度不完善，相关方职责分工不明确。

②针对特殊完井作业风险评估和危险辨识不充分，现场作业人员井控培训不到位，导致发生事故后现场应急处置能力达不到要求。

案例 32
DB33-9-3 井井喷

1. DB33-9-3 井基本情况

DB33-9-3 井位于吉林省前郭县查干花镇两半山北约 2km 处，是大情字井—老英台区域性隆起带腰西区块上的一口开发井。该井 2006 年 3 月 8 日完钻，完钻井深 2411m。同年 3 月 24 日机抽投产 $K_2qn_1 \text{II} 26$ 层（深度 2321.9~2325.2m），泵径 $\Phi 38mm$，泵深 1784m，冲程 4.2m，冲次 8 次/分钟，初期日产油 4.3t/d，日产水 31m³/d，含水 88%，生产至 2006 年 8 月 13 日累计产油 246.14t，累计产水 2937t。后因滚动勘探需要，上返新层位试油。井身结构如图 4-2 所示。

2. 井喷发生与处理经过

2006 年 8 月 14 日上返 $K_2qn_2 \text{II} 3$ 层（深度 2080.5~2085.2m）测试作业。先后实施了以下工序：①起原井机抽管柱。②用 $\Phi 116mm \times 2m$ 通井规通井至井底 2360.47m。③用 $5\frac{1}{2}in$ 套管刮削器刮削至井底。④用浓度 1% 的氯化钾溶液 60m³ 正循环洗井，泵压、油压 2.5MPa，套压为 0，排量 25m³/h，返出油水混合液 30m³，洗井过程中共漏失洗井液 30m³。

8 月 18 日 9：30~11：20 电缆射孔：用 102 枪，1m 弹，对 $K_2qn_2 \text{II} 3$ 层，井段 2080.5~2085.2m，厚度 4.7m/2 层补孔，共射两炮，孔密 16 孔/米，排炮孔数 77 孔。在第二炮射孔完上提 110m 时井口有井涌显示，随即发生井喷，喷出物为天然气携带井筒水。11：20~12：10 带喷起出射孔电缆及枪身；12：10~14：10 抢装防喷器、更换井口闸门，关闭防喷器及井口闸门，安装压力表，测得关井井口瞬间压力为 1.6MPa；14：10~17：10 井口压力由 1.6MPa 持续上涨至 11.8MPa，与此同时连接井口，打地锚，接放喷管线，17：10~21：47 装 5mm 油嘴，点火放喷，井口压力稳定在 9MPa。18 日 21：47~19 日 14：30 分三次用密度为 1.12~1.13g/cm³ 的泥浆 34.5m³ 挤注压井，并关井观察、点火放喷交替进行，井口压力稳定在 6MPa；20 日 10：00~21 日 10：30 现场配制密度为 1.35g/cm³ 的重晶石粉压井液 22m³ 挤注压井，泵压、油压为 5MPa，最高

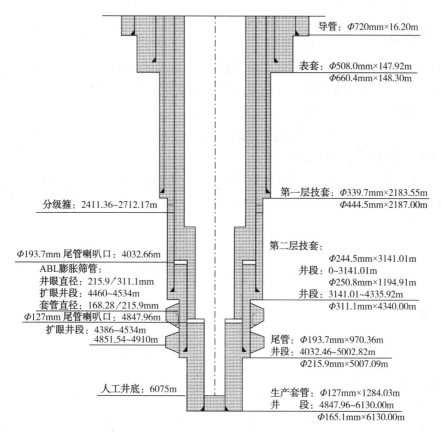

导管：$\Phi720mm\times16.20m$

表套：$\Phi508.0mm\times147.92m$
　　$\Phi660.4mm\times148.30m$

第一层技套：$\Phi339.7mm\times2183.55m$
　　$\Phi444.5mm\times2187.00m$

分级箍：$2411.36\sim2712.17m$

$\Phi193.7mm$ 尾管喇叭口：$4032.66m$

ABL膨胀筛管：
井眼直径：$215.9/311.1mm$
扩眼井段：$4460\sim4534m$
套管直径：$168.28/215.9mm$
$\Phi127mm$ 尾管喇叭口：$4847.96m$
扩眼井段：$4386\sim4534m$
　　$4851.54\sim4910m$

第二层技套：
　　$\Phi244.5mm\times3141.01m$
井段：$0\sim3141.01m$
　　$\Phi250.8mm\times1194.91m$
井段：$3141.01\sim4335.92m$
　　$\Phi311.1mm\times4340.00m$

尾管：$\Phi193.7mm\times970.36m$
井段：$4032.46\sim5002.82m$
　　$\Phi215.9mm\times5007.09m$

人工井底：$6075m$

生产套管：$\Phi127mm\times1284.03m$
井　段：$4847.96\sim6130.00m$
　　$\Phi165.1mm\times6130.00m$

图4-2　DB33-9-3井身结构示意图

泵压为10MPa，排量约为$4m^3/h$，井口压力降至0，更换原150型采油井口为600型井口，22日~24日打悬空水泥塞封堵 $K_2qn_1 II 26$ 层，灰面深度为2192.02m，事故解除。

3. 井喷原因分析

（1）由于上返测试层为腰英台地区的新层位，没有邻井的地层压力、地层流体物性等参数可供参考。地质设计部门在设计中已经明确提示并要求防喷，作业队在射孔前已经按要求安装 ZF25-18 防喷井口，但射孔队为了省事，又让作业队拆掉井口防喷器，严重违反了射孔作业的相关规定是造成井喷的直接原因。

（2）该井测试前未充分考虑到复杂的井筒状况对测试的影响，测试方案只简单要求补层射孔后用封隔器封隔下部层位再单试 $K_2qn_2 II 3$ 层。该层关井最高压力为11.8MPa，后来测试的地层压力为17.332MPa，压力系数为0.82。射孔前压井液为洗井液，未降液面。但由于原生产层位 $K_2qn_1 II 26$ 层经过生产，地层压力下降，射孔前洗井液倒灌严重，经后来计算压井液高度只有900m左右（约9MPa），射孔后由于层间干扰，压井液不断向原生产层倒灌，井口压力不断上升，是造成井喷的客观原因，同时增加了后期压井的难度。

4. 事故教训

（1）对于区域性新地层的测试必须严格按照《试油气规程》的相关规定，认真落实测试方案，应充分考虑各种因素可能对新地层测试产生的安全隐患。应封堵原生产层后再测试新层，以防止层间干扰，降低作业风险。

（2）射孔作业必须严格按照相关规定安装井口防喷器，各部门、各队伍间要配合好，还要坚持原则，不放松安全要求。

（3）事故发生后，及时向各级领导和业务部门反映通报情况，领导现场办公，坐镇指挥，虽然及时控制和妥善处理未造成大的经济损失，但事故教训深刻。

案例 33

河坝 1 井井喷

1. 河坝 1 井基本情况

河坝 1 井地处四川省通江县陈河乡，位于四川盆地通南巴构造带河坝场高点，是中国石化南方分公司部署的重点区域油气探井，完钻井深 6130.00m，完钻层位为志留系中统韩家店组。该井移交西南分公司后，为获取更为翔实的资料作为开发依据，由西南石油局油气测试中心对嘉陵江组第二段和飞仙关组第三段气层分别进行重复测试。

2006 年 8 月 5 日油嘴控制间歇开井排液期间因流程刺漏关井，17：36 关井油压最高升至 94.2MPa，套压最高 64MPa。套管头及采油树额定压力均为 105MPa。

2. 井喷发生与处理经过

2006 年 3 月 24 日西南油气分公司完成了上部嘉陵江组二段(4486.00~4500.00m)的重复测试工作，6 月 2 日~8 月 3 日上 XJ650 修井机进行挤水泥封堵，正、负试压合格。

转层下返对下部飞三段(井深 4961.5~4975.5m)进行测试。钻完 Φ127mm 套管内水泥塞，7 月 31 日 14：00 下钻通井至井深 5048m 发生井涌，关井，循环密度为 2.45g/cm^3 的泥浆脱气压井至进出口泥浆密度基本一致。

8 月 4 日 11：06~16：59 采用飞三段测试管串进行反循环清水替浆，注入清水 54.15m^3，返出泥浆 12.6m^3，地层漏失泥浆 41.55m^3，排液 10m^3，未出气。16：59~18：12 正循环清水替浆，施工过程最高泵压 52MPa，累计注入清水 51.3m^3，替出泥浆 24m^3。4 日 18：12~6 日 8：37 油嘴控制间歇开井排液，累计排液 33m^3。期间因一级管汇两个油嘴套和二级管汇两个油嘴套同时被刺，被迫关井更换油嘴套，5 日 17：36 井口油压迅速上升到 94.2MPa，套压上升到 64.0MPa，采气树左翼油压闸阀及 2$^\#$ 总闸阀出现盘根刺漏，1$^\#$ 总闸阀注脂孔出现泄漏。

6 日 8：37~7 日 13：15 用油嘴控制泄套压及油压后，正注清水 628.2m^3 洗井放喷。

8 月 7 日 13：15~9 日 6：25 用压裂车正注 CMC 隔离液 2m^3 后，用密度为

2.15g/cm³的堵漏浆约16.5m³、密度为2.10~2.17g/cm³的泥浆126.8m³压井，排量为0.2~0.6m³/min，泵压为24~26MPa。共漏失泥浆76m³。

8月9日6：25~11日8：00先后采用压裂车、F-1000型泥浆泵正循环泥浆脱气，并逐步调整井内泥浆密度至2.43~2.44g/cm³，压井成功。

3. 井喷原因分析

（1）反循环清水替浆初期，井底回压达132MPa，压破飞三段产层，从而沟通裂缝，造成井口压力迅速上升，是本次井喷的直接原因。飞三段前期测试天然气绝对无阻流量为31×10⁴m³/d，最终系统测试求得飞三段产能为402.88×10⁴m³/d，远高于前期完井测试的产能。

（2）多次测试后的井口装置和地面流程出现多处刺漏是本次井控复杂化的重要原因。

4. 教训及认识

（1）压力级别105MPa的井口装置不能满足河坝构造高压高产井测试和生产的需要。河坝1井实测产层中部压力为111.11MPa，本次井喷关井压力高达94.2MPa，接近压力级别105MPa井口装置的额定工作压力。此后河坝构造深井套管头、采气树压力级别均为140MPa。

（2）在放喷的管道中地面测试流程连接存在多处直角弯头，使得后期出现固相物时抗冲蚀能力大大降低，无法完成应有的放喷功能，而最终的关井加重了该井的处理难度。河坝1井后期测试流程进行了针对性的优化和改进。

（3）地层喷漏同存，安全窗口窄，在替喷测试过程中前期选用反循替浆，这是诱发该井后期井喷的重要因素。建议以后类似井一的测试采用正替浆的方式，控制好泵注压力，从而有效地控制类似井控事故的发生。

案例 34

TK929H 井井喷事故

1. TK929H 井基本情况

TK929H 井是一口设计井深为 5078m，业已完钻的水平井。2006 年 3 月 23 日，60818HB 钻井队对该井下钻扫 7in 套管内水泥塞。钻具组合：$5\frac{7}{8}$in 牙轮 + $3\frac{1}{2}$in 钻杆 × 15 柱 + $4\frac{3}{4}$in 钻铤 × 6 柱 + $3\frac{1}{2}$in 钻杆 × 15 柱 + 5in 钻杆，探得水泥塞面在井深 4697.38m 处，球座位置 4698.38m（与实际下深相符）；需扫塞至 4771m（期间均为混浆带），在扫至井深 4761m 时，曾对 7in 套管进行试压，15MPa，稳压 30min，压降 0.2MPa。

2. 井喷发生与处理经过

2006 年 3 月 24 日起钻，井队组合钻具下钻扫 5in 套管内水泥塞，钻具组合：$4\frac{1}{2}$in-PDC 钻头 + $2\frac{7}{8}$in 钻杆 × 36 根 + $3\frac{1}{2}$in 钻杆 × 14 柱 + $3\frac{1}{2}$in 加重钻杆 × 5 柱 + $3\frac{1}{2}$in 钻杆 × 16 柱 + 5in 钻杆，塞面 4771m（较设计塞面高 127.38m），浮箍位置 5021.69m，扫塞至 5068m（期间均为水泥）后，开始处理泥浆。

3 月 26 日上午 9：30 进行试压，试压 15MPa，10min 后，压力降至 12MPa，即试压失败，于是起钻。经检查防喷器闸门和地面管汇后，再次试压，结果压力还是稳不住。此后，再次组织试压，仍稳不住；打压 15MPa，最快 10min 内降 3MPa，于是决定测完固井质量后再考虑新的措施。

3 月 26 日 22：00～27 日 3：30，胜利油田测井队完成直井段声幅测井任务，下钻送仪器至测斜井段，20：50 对接成功。由于中途仪器没有信号，测井队检查测井仪器，发现枪头脱落到钻具内。28 日 2：30，测井队要求井队起钻。由于此前井队认为已经固井，未要求有关人员坐岗，加之中原油田录井 602 队在 26 日已将录井仪器拆除，故溢流始终未被发现或发现未引起重视。28 日 14：10，钻具起至 427.27m 时，井队发现泥浆罐处泥浆外溢，确认发生井涌，紧急抢接靠在二层台上一柱 5in 带 $3\frac{1}{2}$in 变丝钻杆，但尚未来得及将此钻杆下入井内，即发生井喷。当班司钻关闭万能防喷器，打开压井管汇端放喷闸门，进行井口泄压；此时井内高压泥浆从钻具水眼中大量喷射出来，上冲超过整个井架，距地面高程 46m 左右；1h10min 后，泥浆喷完，放喷管线及钻具内开始喷出大量天然气。28 日 20：30，根据西北分公司和华北西部公司在现场共同确定的抢险方案，开始实施事故抢险作业。21：20 将钻具丢入井内，并采用关全封闸板成功关井；随即组织实施平推压井。至 29 日 8：20 压井结束。期间最高泵压 33MPa，最低 15MPa，最大排量为 1.5m³/min，共注入密度为 1.70g/cm³ 的重浆 80m³（压井方提供数据）、密度为 1.40g/cm³ 的重浆 145m。开井观察压力平稳，即压井成功，井喷事故解除。

3. 井喷原因分析

"3.28" 井喷事故是一起明显违反井控规范的责任性事故。其发生原因有以下几方面：

（1）直接原因。

① 井队对 5½in 套管未试住压的问题不重视，忽视了井内可能有漏点。

② 钻具水眼被测井枪头堵塞，造成提钻抽汲。

③ 钻具水眼被堵，起钻喷浆，喷出泥浆从泥浆伞回流到出浆口，造成对溢流判断失误；井队坐岗人员曾于 3 月 28 日 13：00 发现泥浆罐体积在灌浆前提下保持不变，并保持略小的上升，上报大班人员，大班人员察看井口后，并没有进一步采取措施，错失了控制井喷事故的最好时机。

④ 未执行起钻灌浆及坐岗制度。井队在水平井钻具传输测井起钻过程中未按井控规范的规定和要求及时灌浆，造成液柱压力不能平衡地层压力，同时井队没有执行坐岗制度，以及时发现溢流及时关井，严重违反井控规范及钻井操作规程。

溢流量分析(参考)：由于未及时坐岗，所以，无法直接计算溢流量数据，但从间接数据进行一下分析：3 月 26 日录井综合仪总池体积 95.48m³，29 日井喷发生后调查总池体积 109m³ 左右，起钻过程中逐根喷浆，通过回收系统回收，按照 50% 回收率（估算数据），所起钻具内容积为：(3318m×9.1mm+860m×3.78mm)＝33.44m³，回收泥浆 16.72m³，如果井队按照规范严格灌浆，则需要灌浆 117t/7.8(t/m³)＝15m³，则溢流量为：109−(95.48−15)−16.72＝11.8(m³)，比较符合井队介绍溢流量。

⑤ 发生井喷后措施不得力。溢流发生后，由于最后一柱管具是 2⅞in 油管，而防喷器尺寸是 5in 半封和全封，现场采取抢接 3½in 钻具（带 3½in 变 5in 接头），然后抢接 5in 钻杆，由于回压泵在 5in 立柱上，无法及时安装内防喷工具，延误了时间，造成井喷。

（2）主要原因。

① 思想麻痹。领导思想麻痹，井队井控意识淡薄，认为固井后地层流体不能进入井筒，应该不会发生井喷问题。因此，对 5½in 套管未试住压的问题不重视，忽视了井内可能有漏点，更没有意识到钻具水眼被测井枪头堵塞，造成提钻抽汲，可能出现地

层流体侵入井筒的情况。

② 管理松懈，安全生产责任制、岗位责任制执行不严格。井队长刘×在井喷事故发生前一天，未向公司主管领导报告、请假，擅自离开井场到轮台县看病，事故发生时不在现场。而在井队值班的年轻技术人员是去年才毕业分配来的大学生，缺乏实践经验，尚不具备对事故前兆做出正确判断的能力，因而错过了防止井喷发生的最好时机。

③ 现场内防喷工具没有按井控条例准备。送放测井时把防喷单根接入立柱后，起钻时没有卸下或另配防喷单根，导致井喷时不能应急使用。

（3）次要原因。

由于录井仪器已拆掉，钻具输送测井过程中无法实施跟踪监测体积变化，并及时通报异常情况。

4. 教训及认识

此次井喷的发生，暴露出井队管理方面存在严重不足，技术措施未落实、岗位职责不明确、应急预案不到位、规章制度执行不严、"三基"工作抓得不牢，以致在整个施工过程中出现了层层漏洞，最终导致井喷的发生。

（1）井控意识淡薄，起钻灌浆、坐岗监测为最基本井控常识，井队作业指令对坐岗有明确的要求，班组未能严格执行，反映井队的井控意识较差，在井控管理方面存在严重低级漏洞。

（2）井控工具准备不得力，没能及时有效关井。

（3）由于综合录井仪传感器已拆掉，钻具输送测井过程中无法实时跟踪监测体积变化，并及时通报异常情况。

濮 6-128 井井喷失控着火事故

1. 濮 6-128 井基本情况

濮 6-128 井是中原油田一口新开发试油井，位于河南省范县濮城镇，井下特种作业处试油队于 2001 年 11 月 3 日，进行射孔、测试求产作业施工。

2. 井喷失控着火发生与处理经过

2001 年 11 月 15 日射孔坐封开井测试，经过正常开关井测试后，11 月 19 日 16：00 解封起管柱，20 日 11：00 起出井内油管带出 MFE 测试工具及射孔枪 13 支，当班职工把井口装好等测试资料，21 日 14：30 接通知，下抽汲管柱。该队立即组织人员上井下油管，18：40 卸采油树，当用游动滑车把采油树吊起拉到井口东面放下，摘绳套时，突然发生井喷，立即吊采油树重新安装，由于油气流太大，采油树刚接近井口就被气浪刺到一边，强行将采油树下放到大四通上法兰上时，井口突然着火。15min 后井内没有压力自动停喷，19：45 左右消防队赶到井场，经消防人员奋力扑救，20：10 将火全部扑灭。

3. 井喷失控着火原因分析

（1）井喷原因。

① 甲方设计部门没有认真研究分析压力动态，在工程设计里未要求施工单位在施工中向井内灌水。

② 施工单位在换井口采油树前，因为管柱静止时间比较长，地层漏失量较大，井底压力平衡被破坏，在没有观察井眼是否稳定的情况下换采油树，造成井喷。

（2）井喷失控的原因。

① 思想麻痹大意，责任心不强，对井喷的严重性和危害性认识不足，没能认识到该井会井喷着火，是造成这次事故的主观原因。

② 采油树总闸门与生产闸门未拆分开，井喷时抢装整体采油树时间过长，耽误了

时间，造成井喷失控。

（3）着火原因。

① 井场没使用防爆照明灯具，当井喷时井场弥漫着可燃气体，遇到照明灯发热灯管时引起着火。

② 通井机排气管没有安装防火罩，当井喷时井场弥漫着可燃气体，遇到通井机排气管喷出的火花时引起着火。

4. 事故教训

（1）防喷工具、装置准备要充分，采油树总闸门和小四通闸门要拆分开，井喷时能够迅速抢装总闸门。

（2）要认真落实岗位责任制，加强知识技能培训和岗位练兵，提高处置突发事件的能力。

（3）严格落实开工验收制度，达不到安全要求的坚决不准许开工。

（4）作业现场禁止使用非防爆灯具、电气设备。作业设备施工车辆排气管必须安装防火罩器。

案例 36

YAA12-1 井井喷失控事故

1. YAA12-1 井基本情况

永 12-1 井位于胜利油田永安油田西部，是 1968 年投产的生产井。该井油层套管直径 139.7mm，人工井底 1853.66m，生产层位沙二段 $3^{1~4}$。1995 年 7 月 1 日上修，施工目的：补孔、改层，封沙二段 $3^{1~4}$，补孔沙二上亚段井段 1665.4~1667m，油层厚度 1.6m。

2. 井喷失控发生与处理经过

1995 年 7 月 5 日，射孔大闸门未送到现场，由于急于施工临时用原井上法兰闸门作为备用防喷工具。射孔后，电缆上提至井深约 500m 时发生井涌，当把枪身提出井口时已经喷到二层平台。施工队立即抢装井口，由于上法兰上的闸门无法打开、井口气流越来越大，造成井喷失控。强大的气流夹带着石块喷出，喷高超过井架天车，高度约 50m。

为防止喷出的石块撞击井架、抽油机引起着火，强行将井架背走，将抽油机吊离井场，强行拆卸井口，抢装新井口。7 月 7 日上午抢装新井口成功，关闭井口控制住井喷。

3. 井喷失控原因分析

（1）地质资料不准确，没有认识到该井地层能量充足易喷的情况，没有引起足够重视，是造成井喷的主要原因。

（2）在没有安装射孔防喷器的情况下进行射孔作业，违章施工，在井涌发生时不会正确操作，是造成井喷的直接原因。

（3）无合适的防喷设施，现有的设施缺乏保养，是造成井喷的重要原因。

4. 事故教训

（1）加强地质研究，准确预测地层压力，为作业施工提供可靠依据。

（2）按照标准安装井控设备，做好井控检查和维护保养工作，确保二级井控安全。

（3）加强井控培训，提高井控水平和应急抢险能力，确保井控突发事件应急处理及时可靠。

案例 37

永 42-9 井井喷失控事故

1. 永 42-9 井基本情况

永 42-9 井是胜利油田永 42 断块的一口油井。施工目的：电转抽、打瓦改层，补孔沙二下亚段 5^1；上动力后，提出原井电缆管柱及电泵机组，冲砂、通井、打防顶卡瓦封住下部油层沙二下亚段 5^2。并用油管输送 89 枪，对沙二下亚段 5^1 进行射孔，在提射孔管过程中发生了井喷事故。该井套管 $\Phi177.8mm$，人工井底 2101m，生产层位：沙二下亚段 5^2。

2. 井喷失控发生与处理经过

永 42-9 井 1993 年 3 月 13 日上动力，提出原井的电缆管及电泵机组。3 月 17 日完成冲砂、通井、打防顶卡瓦等工序，套管试压 12MPa。3 月 18 日配合测井公司油管输送 89 枪，对沙二下亚段 5^1、井段 1779.5~1783m 射孔。18 日 12：00 磁性定位校深后，13：00 投棒引爆成功，井口观察 4h 无油气显示，开始提射孔管。当提射孔管到井内剩余油管 41 根时，井口发现溢流，立即停止提管抢坐悬挂器。当悬挂器坐好提升短节尚未卸下时，溢流高达 3m 左右，抢装上法兰及闸门，井口压力迅速上升到 16MPa，立即上报，由值班干部联系采油队连接流程进干线放喷生产。但是由于井口未安装油嘴，只能用总闸门控制放喷；大约 3min 后，井口附近的水套炉管线发生爆裂，立即关闭总闸门；大约 1h 后，总闸门闸板被刺坏，井喷失控。3 月 19 日上午重新组织压井，至 3 月 20 日凌晨更换 250 型井口上部全套装置，控制住井喷。

3. 井喷失控原因分析

（1）起射孔管柱过程中未及时灌液，井底压力失衡是导致本次井喷事故的主要原因。

（2）井控设备不齐全，只安装了单闸板全封防喷器，抢装井口成功后喷出流体直接进干线，造成了水套炉管线的爆裂、放喷闸门闸板刺坏，是导致井喷失控的直接原因。

（3）地质、工艺设计无相应的井控要求，射孔通知单无对应层位声波时差。施工设计无针对性措施，是发生井喷的重要原因。

（4）地质设计射开油层生产，而实际射开的目的层是高压氮气层，地质设计没有作出解释，也是发生井喷的重要原因。

4. 事故教训

（1）对于高油气比、高压区块、地层情况不明区块的作业井，在施工前应提前做好井控工作，制定和落实井控措施，防止井喷问题发生。

（2）地质设计要提供准确资料，工艺和施工设计应设计相应压力级别的防喷器，为现场施工提供可靠依据。

（3）按设计安装防喷器设备，起管柱过程中及时灌入与起出管柱体积相符的压井液，确保井控安全。

（4）加强井控培训，组织井控演练，落实作业技术标准，熟练掌握各种工况的操作程序。

案例 38

孤东 8-26-121 井井喷事故

1. 孤东 8-26-121 井基本情况

孤东 8-26-121 为新井投产，射孔层位 Ed_3'，套管 $\Phi139.7mm$，人工井底 1901m。1992 年 9 月 7 日搬上开工。经过通井、替浆等工序，在射孔过程中发生井喷失控。

2. 井喷发生与处理经过

1992 年 9 月 11 日 9：58 下入射孔管柱，10：39 点火射孔后井口出现外溢，抢起电缆过程中喷势增大。在准备砸电缆时，气量增大、电缆随气流喷出，炮弹飞出井筒落于井口北方 500m 左右。因压力高，抢关射孔大闸门关闭不严，井喷失控。11：10 左右在抢险过程中套管短节被拉偏，套管短节开始漏气，使抢喷工作复杂化。

至 9 月 13 日，由于井内喷出砂子石块逐渐增多，堵塞井眼，井口停喷。作业队利用井喷间歇迅速拆下大闸门，安装上采油树，关井压井，抢喷结束。

3. 井喷原因分析

（1）地质解释不清，地质显示该射孔层为油层，而实际射孔后为气层，未按气井要求做好防喷准备，是发生井喷并失控的主要原因。

（2）施工设计要求射孔前井内压井液密度为 $1.35g/cm^3$，在射孔枪遇阻后将井内替换成密度为 $1.13g/cm^3$ 的卤水，是造成本次井喷的主要原因。

（3）在发现溢流变大并有井喷趋势时，未及时切断电缆关井而是抢起电缆，错过了抢喷的最佳时机，是造成井喷事故扩大的直接原因。

（4）高压油气层应进行油管输送射孔，而施工设计为电缆输送射孔，是造成井喷的重要原因。

4. 事故教训

（1）应认真进行钻井、地质资料分析，在施工设计中标明油气层性质，为射孔施工提供可靠依据。

（2）应安装射孔防喷器并试压合格，确保发生溢流时关井可靠。

（3）高压油气层井应进行油管输送射孔，并随时灌注压井液，保持井筒内压力平衡。

（4）加强井控实战演练，提高职工井控操作水平，发生井喷时在第一时间内控制住井喷。

第 **5** 章

生产作业过程中发生的井喷事故

案例 39

新文 103 侧井油管井喷事故

1. 新文 103 侧井基本情况

新文 103 侧井是 2008 年部署的一口侧钻井，位于河南省濮阳市文留油田，目的在于恢复动用文 23 气田主块北部 $S_4^{7\sim8}$ 的剩余储量，2008 年 11 月 2 日完钻，井深 3080m。11 月 16 日，由濮阳市豫海采油工程技术有限公司试油（气）一队实施投产作业。11 月 17 日开工验收合格后进行作业施工。11 月 20 日用 73-5 枪 73-5 弹对 $S_4^{7\sim8}$ 3014.8 ~ 3037.3m（14.4m/4 层）井段实施射孔酸化后无显示，起钻检查发射率 100%。11 月 22 日下入 3in 压裂管柱，管深 2385m，卡封深度 2348m。11 月 24 日 10：40 ~ 11：45 进行压裂施工，破裂压力 48MPa，加砂量 25.3m³，停泵压力 15MPa，探砂面深度 3028m，观察 8h 无显示。

2. 井喷发生与处理经过

2008 年 11 月 24 日 21：00，作业队开始卸井口，安装 2FZ18-35 液控防喷器，并试压合格。23：00 开始起钻，起钻过程中每 15 ~ 17 根补充压井液一次。11 月 25 日 9：00，起钻 145 根（油管本体容积 2.5m³），发生溢流（累计灌水 21m³），作业队启动应急预案，安装旋塞阀，关闭半封，关井。9：20 测油压为 4.5MPa，套压为 2MPa，控制放喷至 9：35，油套压降为 0，于 9：35 左右实施正循环压井，井内管柱深度 993m，泵入压井液（清水）13m³，泵压为 2MPa、排量为 500L/min，观察 35min 井口无显示。为避免进一步压井造成气层污染和继续起管柱发生井喷失控，作业队决定坐悬挂器完井。11：00 左右卸开旋塞阀，在准备连接悬挂器时发生井喷，现场抢装旋塞阀不成功，及时启动井控应急预案，并成立了该井起油管井喷事故应急领导小组，下设技术、现场指挥、消防、安全保卫 4 个工作小组。首先使用在现场值班的水泥车反压井，泵压为 12MPa，排量为 500L/min。13：57 压裂车到达井场，15：00 压裂车开始大排量压井，泵压为 34MPa，排量为 1200L/min，泵入压井液（清水）90m³，通过大排量压井降低井口压力后，用吊车提管柱，在井口防喷器的配合下，卸掉吊卡。16：30 关闭全封，成功控制井口。本次油管井喷事故，组织严密、处置及时、措施得力，没有发生人员伤亡和造成财产损失。

3. 井喷原因分析

（1）施工单位在该井已发生溢流时，没有按照井控操作规程进行应急处理，是发生本次井喷的直接原因。

（2）施工单位现场应急处置能力不强。在油管无内防喷装置的情况下，准备、安装旋塞阀时间过长，也是发生本次井喷的直接原因。

（3）现场作业监督判断不准确，没能准确计量和计算该井漏失量，制定措施不当，是发生本次井喷的间接原因。

（4）地层压力发生了变化。设计预计地层压力为25MPa，但由于文23气田进入开发后期，层间压力系统复杂，从油管井喷控制后的压力分析来看，实际地层压力低于此值，存在压裂后沟通低压层的可能，造成地层漏失量大，是发生本次井喷的间接原因。

（5）现场对施工单位的管理力度不够。虽然在该井施工过程中按规定进行了应急演练，但从发生井喷的情况看，操作不够熟练，未达到预期效果，是发生本次井喷的间接原因。

这是一起由于未按规定进行压井施工，施工队伍应急处置能力不强，现场监督判断不准确、制定措施不当造成的油管井喷责任事故。

4. 事故教训

（1）甲方和施工单位应完善作业施工过程中发生溢流、井涌等异常情况的应急处理规定；施工过程中出现异常井况时，必须严格工序变更的设计、审批程序，防止在没有充分进行风险分析的情况下，盲目变更施工工序。

（2）对于已经进入开发中后期的油田，存在地层压力分布状况复杂的情况，需要进一步加强动态监测，及时跟踪分析地层压力的变化情况，提高对地层的认识程度，在作业施工过程中制定科学的一井一案压井措施。

（3）作业监督和作业管理人员的技术素质在现场处置突发事件过程中起着关键作用。必须进一步加强作业监督的管理，加大对现场监督和作业管理人员的培训力度，提高监督对现场突发事故应急处理能力和整体素质。

（4）加强对作业施工队伍的监管力度，进一步落实监管责任，对达不到要求的施工队伍必须停产整顿。对现有的改制单位施工队伍先停产整顿，确保作业施工队伍的整体素质满足安全施工要求。

（5）施工队伍应急预案制定不具备在发生突发事件时具有可操作性，应加强施工队伍制定"一井一预案"。

案例 40

DKJ1 井井喷事故

2008 年 2 月 7 日 6：10，中国石油塔里木油田采油一厂所属的 DKJ1 井油管头右翼管线发生刺漏，在抢修过程中，于 6：53 井喷失控。塔里木油田分公司启动应急预案，2 月 12 日 6：35 压井成功。此次井喷失控的处理历时 119h42min，未造成人员伤亡。

1. DKJ1 井基本情况

DKJ1 井位于新疆塔里木盆地西达里亚油田三叠系构造高部位的一口检查井。该井由胜利石油管理局渤海钻井总公司 50108 钻井队于 2007 年 4 月 23 日开钻，2007 年 6 月 16 日完钻，完钻井深 4536.0m，距 DKJ1 井正东 350m 处的 JF26-3 井是中国石油塔里木油田分公司的一口注水井，2007 年 11 月开始注水，注水量 50m³/h，注水压力为 15MPa。

2. 井喷发生经过

2008 年 2 月 6 日 18：45，西达里亚集输站发现 DKJ1 井进站压力异常升高，经落实为该井井口压力升高。采油一队启动应急预案，对该井进行停机，关闭出油阀门，改油管头右翼装 8mm 油嘴控制生产，套压 4MPa，油压 7.5MPa，回压 0.5MPa，有效进行了控制，并安排人员井口值守。20：30 值守人员汇报井口流程立管三通出现刺漏，进行放喷卸压点火，组织人员抢换三通，并准备压井液及压井设备。21：35 更换完三通，同时油管头右翼调整为 12mm 油嘴控制生产，最高套压 7.5MPa，油压为 9.5MPa，之后压力呈下降趋势，至 2 月 7 日凌晨 1：00，套压降为 5MPa，油压降为 9MPa，油井恢复正常，并安排专人值守观察压力变化情况，同时备压井设备 1 台 700 型水泥车，密度为 1.14g/cm³ 盐水 120m³ 现场待命，做好压井准备。

2 月 7 日 6：10，油井套压为 3.7MPa、油压为 7.8MPa、回压为 0.6MPa，井口值班人员发现油管头右翼阀门外侧管线本体发生刺漏，立即倒翼，在关右侧油管头阀门时发现阀门内漏，立即实施压井准备。6：25 发现左翼油嘴套本体刺漏，拆除油嘴套，重新抢装压井管线，并成功安装左翼压井管线，同时向西北油田分公司应急指挥中心报警。6：54 油管头右翼阀门本体刺漏严重，致使该井井口失控，无法实施反循环压井作业（该井下入管式泵底部阀为单流阀，不能正循环压井）。

3. 井喷处理经过

2008 年 2 月 7 日上午 8：00，西北油田分公司应急中心到达现场，对井口实施喷淋降温，8：45 西北油田分公司领导一行到达现场，按应急预案要求，进行勘查分析后，制定的抢险方案是切割油管头，抢换井口，即第一步清除井口障碍物；第二步实施水力喷砂切割作业；第三步抢接采油四通+防喷器（全封+3½in 闸板）组合；第四步实施平推压井作业。

2 月 7 日 23：35 井口着火，应急指挥部立即召开现场会对方案进行了补充，即先组织灭火，后方案实施。要求一是灭火设备及时到位，制定详细灭火方案；二是备足灭火清水，修建 5000m³ 临时储水池，井场挖排污池，保证大量水打出后排到排污池；三是灭火工作尽量白天进行，灭火前进行一次侦察性实验，火势较小时集中灭火，水炮、泡沫灭火同时进行，确保灭火一次成功，灭火与排污工作应确保协调，及时将污水排出；四是根据火势及走向确定好灭火工作面，确保工作面畅通。

2 月 8 日火势没有降低，火焰从发散着火变为直冲型，抽油机烧软变形，驴头及游梁倒塌在井口周围。临时消防池开始储水，消防水炮动力机组到位，井口排水池修建完毕。

2 月 9 日凌晨 5：30 井口火自动熄灭，立即组织专人进行井口点火作业，由于喷出物以水、砂为主，点火未成功。12：20 完成井口清障工作，并实施第一次水力喷砂切割井口作业，未能成功。

2 月 10 日组织第二次水力喷砂切割井口作业，18：50 切割作业成功。

2 月 11 日 11：41 完成拆油管头残余法兰准备工作，17：40 完成油管头的拆除工作，实施抢装井口作业。

2 月 12 日凌晨 1：30 抢装井口成功，组装压井管汇、放喷管线，连接流程。凌晨 3：45 开始压井，6：35 井口压力为 0，压井成功。

4. 原因分析

（1）该油井处于混采区，因邻井注水导致地层压力升高，油套压力突升，油井气产量短时间内增大，是造成井喷失控的根本原因。

2008 年 2 月 6 日 18：45 DKJ1 井井口压力突然升高，油井自喷，井口压力最高达到 9.5MPa。压力异常主要是气产量和水产量急剧增加所致，估算初期日产气量在 $10×10^4m^3$ 以上，火自动熄灭后估算日产气量为 $3×10^4m^3 \sim 5×10^4m^3$。能够造成压力升高的原因只有在 DKJ1 井东面 350m 处的中国石油塔里木油田分公司 JF26-3 井，该井自 2007 年 11 月开始注水，特别是临近春节因其油田污水干化池污水量大，而增大了注水量，注入压力达 15MPa 左右，从而导致 DKJ1 井的异常压力。

（2）气产量增大，井筒压力梯度降低，生产压差增加，致使油井大量出砂刺损井口装置，是井口失控的直接原因。

2008 年 2 月 6 日 DKJ1 井压力异常后，当日 19：00 开始由右翼安装 8mm 油嘴控制生产，21：35 更换 12mm 油嘴生产。2 月 7 日凌晨 6：10 分，发现油管头阀门右翼管线出现刺漏，关右翼阀门关闭不严，阀槽积砂，无法实施更换作业，导致井口失控。右翼共生产 11h10min，期间阀门在更换 12mm 油嘴时能够完全关闭，但在 12mm 油嘴生产 8h45min 后关闭不严，其主要原因是油井出砂导致阀门内密封面受损，闸板槽沉砂导致关闭不严。对井喷物进行含砂分析结果表明该井事故期间大量出砂；从该井受损的采油树和井口流程看，全部为地层砂切割导致。

案例 41

DB33-9-3 井井喷事故

1. DB33-9-3 井基本情况

DB33-9-3 井位于吉林省前郭县查干花镇两半山北约 2km 处，是大情字井—老英台区域性隆起带腰西区块上的一口开发井。该井由中原钻井四公司 32601 钻井队施钻，2006 年 3 月 8 日完钻，完钻井深 2411m。同年 3 月 24 日机抽投产 K_2qn_1 Ⅱ 26 层(井深 2321.9~2325.2m)，泵径 Φ38mm，泵深 1784m，冲程 4.2m，冲次 8 次/分钟，初期日产油 4.3t/d，日产水 31m^3/d，含水 88%，生产至 2006 年 8 月 13 日累计产油 246.14t，累计产水 2937t。后因滚动勘探需要，上返新层位试油。井身结构如图 5-1 所示。

2. 井喷发生与处理经过

2006 年 8 月 14 日上返 K_2qn_2 Ⅱ 3 层(井深 2080.5~2085.2m)测试作业，先后实施了以下工序：①起原井机抽管柱。②用 Φ116mm×2m 通井规通井至井底 2360.47m。③用 $5\frac{1}{2}$in 套管刮削器刮削至井底。④用浓度 1%氯化钾溶液 60m^3 正循环洗井，泵压、油压为 2.5MPa，套压为 0，排量为 25m^3/h，返出油水混合液 30m^3，洗井过程中共漏失洗井液 30m^3。

8 月 18 日 9：30~11：20 电缆射孔：用 102 枪，1m 弹，对 K_2qn_2 Ⅱ 3 层，井段 2080.5~2085.2m，厚度 4.7m/2 层补孔，共射两炮，孔密 16 孔/米，排炮孔数 77 孔。在第二炮射孔完上提 110m 时井口有井涌显示，随即发生井喷，喷出物为天然气携带井筒水。11：20~12：10 带喷起出射孔电缆及枪身；12：10~14：10 抢装防喷器、更换井口闸门，关闭防喷器及井口闸门，安装压力表，测得关井井口瞬间压力为 1.6MPa；14：10~17：10 井口压力由 1.6MPa 持续上涨至 11.8MPa，与此同时连接井口，打地锚，接放喷管线，17：10~21：47 装 5mm 油嘴，点火放喷，井口压力稳定在 9MPa。18日 21：47~19 日 14：30 分三次用密度为 1.12~1.13g/cm^3 的泥浆 34.5m^3 挤注压井，并关井观察、点火放喷交替进行，井口压力稳定在 6MPa；20 日 10：00~21 日 10：30 现场配制密度为 1.35g/cm^3 的重晶石粉压井液 22m^3 挤注压井，泵压、油压为 5MPa，最高

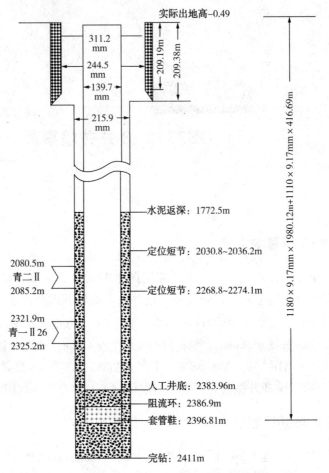

实际出地高-0.49

311.2 mm

244.5 mm

139.7 mm

215.9 mm

209.19m

209.38m

1180×9.17mm×1980.12m+1110×9.17mm×416.69m

水泥返深：1772.5m

定位短节：2030.8~2036.2m

2080.5m
青二Ⅱ
2085.2m

定位短节：2268.8~2274.1m

2321.9m
青一Ⅱ26
2325.2m

人工井底：2383.96m

阻流环：2386.9m

套管鞋：2396.81m

完钻：2411m

图 5-1　DB33-9-3 井身结构示意图

泵压 10MPa，排量约为 4m³/h，井口压力降至 0，更换原 150 型采油井口为 600 型井口，22~24 日打悬空水泥塞封堵 K_2qn_1 Ⅱ26 层，灰面深度为 2192.02m。至此事故处理结束，基本未造成经济损失。

3. 井喷原因分析

（1）由于上返测试层为腰英台地区的新层位，没有邻井的地层压力、地层流体物性等参数可供参考。地质设计部门在设计中已经明确提示并要求防喷，作业队在射孔前已经按要求安装 ZF25-18 防喷井口，但射孔队为了省事，又让作业队拆掉井口防喷器，严重违反了射孔作业的相关规定是造成井喷的直接原因。

（2）该井测试前未充分考虑到复杂的井筒状况对测试的影响，测试方案只简单的要求补层射孔后用封隔器封隔下部层位再单试 K_2qn_2 Ⅱ3 层。该层关井最高压力为 11.8MPa，后来测试的地层压力为 17.332MPa，压力系数为 0.82。射孔前压井液为洗井液，未降液面。但由于原生产层位 K_2qn_1 Ⅱ26 层经过生产，地层压力下降，射孔前洗井液倒灌严重，经后来计算压井液高度只有 900m 左右（约 9MPa），射孔后由于层间干扰，压井液不断向原生产层倒灌，井口压力不断上升，是造成井喷的客观原因，同时增加了后期压井的难度。

4. 事故教训

（1）对于区域性新地层的测试必须严格按照《试油气规程》的相关规定，认真落实测试方案，充分考虑各种因素可能对新地层测试产生的安全隐患。应封堵原生产层后再测试新层，以防止层间干扰，降低安全风险。

（2）射孔作业必须严格按照相关规定安装井口防喷器，各部门、各队伍间要配合好，还要坚持原则，不放松安全要求。

（3）事故发生后，及时向各级领导和业务部门反映通报情况，领导现场办公，坐镇指挥，由于及时控制和妥善处理未造成大的经济损失，但事故教训深刻。

案例 42

古 403 井井喷事故

1. 古 403 井基本情况

古 403 是泌阳凹陷古城油田一口热采井，在进行注氮隔热、注汽、转抽施工作业过程中发生井喷。井口装有全封封井器，现场带班干部紧急情况处置适当，抢关封井器成功，未造成人员伤亡。

2. 井喷发生与处理经过

2006 年 7 月 28 日，井下作业二部 XJ205 队搬上古 403 井进行注氮隔热、注汽、转抽作业，队干部与采油二厂监督结合了解该井本吞吐周期生产情况为：2007 年 7 月 7~19 日注汽；7 月 19~23 日焖井；7 月 23~27 日放喷不产液；施工队现场放空也不产液，确认油压、套压均为 0。7 月 27 日 19：00 拆井口及流程、安装防喷器，28 日 0：15 起 3½in 隔热油管至第 52 根，卸扣后油管内喷出原油高 2~3m，发生井喷，带班干部指挥当班人员抢装井口，由于喷出的油流将低压照明设施遮挡，抢装井口操作失败，启动《稠油井井喷预案》采取管柱丢入井内，关闭封井器，约 10min 吊卡摘掉，管柱丢入井内，在关封井器时，井口外冒火星（后分析是井内出砂，击打封井器产生），为了保证操作人员的安全，带班干部立即组织人员撤离，上报请求支援，0：40 消防车到达现场，在消防车喷淋降温保护下，抢关封井器成功，无人员伤亡。

3. 井喷原因分析

（1）对该井危害识别和风险评价不够。施工前，只观察了井口的油套压、有无溢流等表面现象，未认真核对蒸汽的注入量和产出量、生产过程井口产液量变化，井底能量没有完全释放这一重大隐患未识别出来，是本次事故发生的直接原因。

（2）热敏封隔器未完全释封，导致油套环空不连通，起管过程产生抽汲作用，导致静液柱压力降低，压力失去平衡是此次井喷的又一原因。

（3）未通过管柱解封及上下活动管柱的拉力变化正确判断封隔器的释封情况。

（4）出现井喷异常时，采取措施不力，只考虑隔热管比较昂贵，未在第一时间果断采取丢管柱措施，延误了最佳时机。同时，现场无隔热防护服和液压防喷器，造成不能在第一时间关闭封井器。

4. 事故教训

（1）规范稠油区域隔热、转抽、防砂等复杂新工艺的施工方案的编写和审核工作，从技术要求、井控防范措施、应急等方面要进行细化，确保现场操作有章可循。

（2）施工前，全面了解作业井以及周边生产井注汽、焖井、转抽等动态变化，并做好现场交底工作。

（3）完善稠油热采井控技术规范和稠油井防喷操作管理规定。

（4）稠油井作业机组配备隔热防护服。

案例 43

卫46-1井井喷失控爆燃事故

1. 卫46-1井基本情况

卫46-1井是卫城油田一口生产井，位于山东省莘县古云镇，1993年9月完钻，完钻井深3150m。

1993年10月7日压裂投产沙$_{三下}$1，井段2993.0~2997.5m，4.5m/1层（油层），日产液量1.7t，日产油量1.6t，含水8%，动液面1165m。

1997年8月~1998年12月，因产能低关井，关前日产液量1t，日产油量1.0t，不含水，液面970m。

1999年1月~1999年5月31日恢复、间开，日产液量28t，日产油量2.2t，含水92.1%，动液面1547m。

1999年6月1日~2001年4月计划关井。

2001年4月补孔酸化沙$_{二下}$4$_{三上}$1，井段2642.0~2742.0m，4.6m/5层（干层）。合采沙$_{二下}$4$_{三上}$1$_{三下}$1，日产液量7.7t，日产油0t，含水100%。

2001年6月~7月挤堵沙$_{二下}$4$_{三上}$1，生产沙$_{三下}$1，井段2993.0~2997.5m，4.5m/1层，日产水1.3t，含水100%。

2001年10月26日低能高含水关井。

该井累计产油1030t，累计产水4305t。本次施工目的：转注沙$_{三下}$1，卡顶封保护沙$_{二下}$4$_{三上}$1。

2006年5月13日由某作业队搬上施工。

2. 井喷失控爆燃发生与处理经过

2006年5月13日17：30左右开始起原井油管。23：50左右，当起出油管88根时，油套环形空间溢流出水，当班班长用电话向队长报告后，队长当即安排装井口做压井准备。5月14日0：10，在安装井口过程中，当悬挂井口刚装到第三条螺丝时，井口突然涌出油气水混合物，现场人员在撤离过程中，井场突然发生爆燃。现场两名施工人员被烧伤致死，另外两名施工人员和在井场捡拾落地原油的4名村民及在井场附近房屋休息的1名当地村民被不同程度烧伤。

3. 井喷失控爆燃原因分析

（1）直接原因。

① 井喷失控。

违反设计要求，起油管施工井口未安装防喷器。

设计上对长停井作业未做洗井要求，导致起油管过程中压力不平衡。

起油管过程中，未及时向井筒中灌水或泥浆。

② 爆燃的直接原因。

井中喷出物以天然气为主，到达爆炸极限时，遇到修井机绞车刹车片高温，引起爆燃。

③ 人员伤亡直接原因。

由于该井油气比比较高，在没有采取安全保护措施的情况下，抢装井口，应急措施不当，导致人员伤亡。

井场围墙内有养鸡场和民房，并且有老百姓在爆炸危险区捡拾落地油，导致事故人员伤亡扩大。

（2）间接原因。

① 作业队方面。

作业队开工前验收流于形式：

在周边环境不符合作业条件的情况下，开工作业。

二是开工前的安装质量不合格，现场没有储液池。值班房离井口的距离只有12m，小于标准规定15m的安全距离。

作业队技术员开工前未进行技术交底和井控交底。

作业施工应急预案针对性不强，只有油水井溢流、井涌的应急预案，没有针对长停井、高油气比井制订井喷及井喷失控应急预案。

作业大队和小队干部未到现场监督检查，没有及时发现和纠正当班工人不装防喷器的错误做法。

② 井籍单位对长停井作业不重视，开工验收不严，现场监督不到位，也是事故发生的重要原因。

甲方未严格执行井控管理规定，地质和工程设计数据不全，未提供压力系数、油气比、产气量、油压、套压等数据。

甲方未提供符合作业条件的作业场所。

甲方工程设计未安排洗井工序。

甲方出具开工验收单把关不严，对长停井未安排现场驻井监督。

4. 事故教训

（1）针对长期关井，地层压力变化情况不详的井，恢复生产前应进行地层压力测试或预测，查阅相邻井况，提供有参考价值地质参数，充分分析施工过程中可能存在的风险。在作业施工前应首先恢复井筒循环，并保持作业过程中井筒内液柱压力略大于地层压力。

（2）加强长停井的地面环境管理，防治发生关井后井场被违法圈占现象，保持恢复生产需要，维护油田利益。一旦发生侵占，应及时予以制止，特别是恢复生产前应满足安全生产需要。

（3）井控管理制度和措施落实不到位。从这次事故发生的情况看，作业队干部职工对《井下作业井控管理规定》《井下作业井控管理责任制》等一系列管理制度和井控方面的标准，没有真正重视，井控措施没有落到实处。

（4）应急预案针对性不强，应针对具体井况进行风险识别和评估，编制应急预案并进行实地演练，提高作业队伍现场应急处置能力，达到班自为战。

案例 44

大 1-1-99 井井下作业井喷事故

1. 大 1-1-99 井基本情况

2005 年 10 月 1 日，河南油田井下作业处试油项目部试油 202 队在华北局鄂尔多斯盆地大牛地气田大 1-1-99 井进行试气施工，起压裂管柱作业过程中，发生一起井喷事故，当日抢险成功，并恢复正常作业施工，未造成人员伤亡和财产损失。

2. 井喷发生与处理经过

河南油田井下作业处试油项目部试油 202 队于 2005 年 9 月 16 日搬上大 1-1-99 井，对该井盒 3 段进行射孔、压裂施工作业。压裂后试气结果：4mm 油嘴放喷，在油压 19.0MPa 条件下，日产气 24700m³。试气结束后，9 月 30 日 19：00 用氯化钾溶液反循环压井，9 月 30 日 19：00～10 月 1 日 14：45 起压裂管柱至第 262 根，井内还余 16 根油管时发生井涌，坐油管后在安装井口防喷闸门时，由于井口喷势增大，250 型防喷闸门被冲掉落到圆井中，打捞出防喷闸门时，井口喷势已达 12m，现场再一次抢装 250 型防喷闸门，已无法安装到位，失去了最佳时机。

项目部接到报告后，立即带领人员和器材到达现场，在井场周围 500m 设立第一道警戒线，到下风方向通知老乡熄灭火种；对 H₂S 和可燃气体进行检测；所有人员一律关闭手机，所带烟、火全部上缴。

根据现场情况又进行了两次抢险，一是将钢圈点焊到井口法兰上抢装井口闸门；二是用四根棕绳将钢圈固定拉入井口法兰钢圈槽后抢装井口闸门，均因闸门导流量小，没有成功。后迅速组织安装 2FZ18-35 封井器，用 25T 吊车将封井器吊起，4 根 12mm 的白棕绳向 4 个方向扶正对中，与井口大四通连接并固定封井器，关闭封井器全封闸板，井喷得到控制。历时 9h3min，抢险成功，并恢复正常作业施工。

3. 井喷原因分析

（1）直接原因。

① 起油管时补液措施不当，未准确计量，造成压井液补充严重不足，且盲目起钻。

② 气侵发生井涌后，现场未安装防喷器而且在抢装过程中现场操作人员行动迟缓、措施不当，抢装 250 闸门时闸门又掉入圆井中，失去了控制井喷的最佳时机，导致井喷失控。

③ 该井压裂封隔器胶筒收缩不彻底，上起油管井筒形成拔活塞效应对地层产生严重抽汲，造成压力失衡。

（2）间接原因。

① 现场操作人员技能欠缺，井涌后采取措施不得力，抢装井口时动作不规范，导致失败，延误了井控最佳时机。

② 操作人员对气井产生井喷估计不足。

③ 井控设备不足，缺乏必要的全封防喷器。

4. 事故教训

（1）加大井控物质投入，按气井施工标准配齐配全井控装备，确保安全生产。

（2）加强安全教育提高员工的业务技能和心理素质，加强预案的演练，提高井控技能。

案例 45

文 23-31 井井喷失控事故

1. 文 23-31 井基本情况

文 23-31 井是中原油田一口天然气生产井，位于河南省濮阳县文留镇，井下特种作业处试油队于 2005 年 9 月 8 日搬上，进行增产作业施工。

2. 井喷失控发生与处理经过

2005 年 9 月 9 日 8：00～18：00 用 90m³ 活性水反循环洗井，洗井深度为 2849.73m，泵压由 24MPa 降至 0，出口返水 5.1m³，地层漏失 84.9m³；20：00 接甲方通知，下步措施是割井口流程，用原井管柱加深探砂面。9 月 10 日 3：00 割井口流程，卸采油树，安装 2SFZ18-35 防喷器，7：00 下 Φ60mm 油管 13 根探砂面，深度为 2966.09m；8：00 起 Φ60mm 油管 30 根后暂停等接班。因工农关系影响，一班换班人员 10：30 才到井场接班（10：30 到 12：00 共向井内灌水 8m³），12：50 突然发生井喷；当班员工立即在井口油管上抢装旋塞阀，关闭手动防喷器半封闸板，由于油管不居中，防喷器半封闸板关不严，井内压井液喷出井口高达 8m 左右，导致井喷失控事故发生。14：20 接压裂车正循环压井，由于井下压力高，旋塞阀打不开，无法正循环压井。16：30 反循环压井，由于防喷器半封关闭不严，打入井内的水全部喷出。23：20 由于喷出的油气带地层砂，把油管从井口吊卡下平面处刺断，关闭全封，井喷制住。

3. 井喷失控原因分析

（1）井喷原因。

① 甲方设计部门没有认真研究分析地层压力动态，未掌握地层漏失情况，从而未向施工单位准确提供灌水方案。

② 施工单位未按气井施工作业标准进行连续灌水，9 月 10 日 8：00 到 12：50 近 5h 才灌水 8m³，灌水量小于地层漏水量，导致井内压力失衡，发生井喷。

（2）井喷失控的原因。

① 基层队员工井控意识差、井控演习不够，井控操作不熟练，处理突发事件的应急能力不强，井喷时不能迅速关闭防喷器。

② 未按气井施工标准安装液动防喷器，当井喷时手动防喷器关井速度慢，井内管柱又不居中，气流把闸板胶皮刺坏，半封关不上，造成井喷失控。

4. 事故教训

（1）认真抓好和落实井控管理制度，严格执行井控管理规定和技术标准。

（2）进一步加大井控培训、演练力度，提高施工人员持证率和井控操作技能，增强应急能力。

案例 46

濮 3-347 井喷着火事故

1. 濮 3-347 井基本情况

2005 年 6 月 19 日 12∶10 左右，井下作业队在濮 3-347 井进行补孔、下电泵作业施工过程中，发生一起井喷着火事故。由于组织严密，措施得力，当日事故抢险获得成功，并恢复正常作业施工，未造成人员伤亡。

2. 井喷着火发生与处理经过

2005 年 6 月 14 日，井下作业队搬上濮 3-347 井进行补孔、下电泵施工作业。按照施工工序 6 月 19 日作业队配合测井公司进行补孔，上午 10∶00 左右，测井公司射孔队到达现场，摆放车辆，并做好射孔前的准备工作。同时作业队对作业机、套管短节、井口闸门、330 全封防喷器等进行安装和安全检查。

本次补孔层位是沙二下亚段 3^2 水淹油层，补孔井段为 2662.5～2666.7m，厚度 4.2m，孔密 16 孔/m，孔数为 67 孔。

6 月 19 日 11∶20 左右，射孔队开始下电缆输送 89-1 枪对射孔井段下部 2m 进行射孔(枪身 2m)，12∶10 左右射孔成功。第一炮完成后上起电缆，在上起电缆过程中，绞车操作人员发现电缆出现失重现象，队长判断可能要发生井喷，立即通知作业人员和射孔人员实施防喷措施，但由于气流上窜很快，能量迅速释放，致使井筒内电缆和射孔枪身被油气流冲出井口，撞击抽油机驴头产生火花，造成着火。现场人员迅速撤离到安全距离以外，拨打 119 报警，并向主管部门报告。

事故发生后，中原油田和濮阳市委、市政府领导高度重视，及时赶赴事故现场，采取了一系列切实可行的抢险措施。

(1) 中原油田和濮阳市领导及相关部门，迅速成立了油地联合抢险领导小组，启动了井喷应急抢险预案，设立了应急救援现场指挥部，下设消防、井口抢险、治安保卫、安全、后勤保障、后期支援、医疗救护、技术指导 8 个应急救援小组，按照预定方案进行抢险。

（2）对事故现场进行了清理和警戒，并针对可能发生的紧急情况，和地方政府一起制定了预防事故扩大的应急措施。

（3）消防部门接到报警后，组织了 28 台消防车先后赶到事故现场，首先对临近的两座甲醇罐和 4 座石脑油罐进行喷淋降温，并为灭火做好各项准备工作。

（4）清理着火现场影响抢险工作的障碍物(作业井架、抽油机等)。

（5）在事故现场开挖了蓄水池，调动了足够的罐车及水泥车，为灭火和冷却降温准备充足的水源。

（6）按照制定的灭火预案，于 6 月 19 日 21：10 实施冷却降温，21：40 开始灭火，21：41 灭火成功。

（7）用消防水炮连续对井口及周围附着物进行喷淋降温；抢险突击队连接压井管线，22：40 成功关闭防喷器，随后用水泥车向井内打水压井，22：57 井喷被制服。

6 月 20 日，中国石化集团安全环保局、河南省安全生产监督管理局、中原油田、濮阳市安全生产监督管理局高度重视，组成联合调查组，对事故进行了认真细致的调查。

3. 井喷着火原因分析

为认真贯彻国家应急管理部对"中原油田'6·19'井喷着火事故"的批示要求，在中原油田对该事故分析的基础上，于 2005 年 7 月 28 日，国家应急管理部监管一司在北京组织召开事故分析会，与会专家依据有关法律、法规和标准，本着对国家、对社会、对企业认真负责的精神，坚持实事求是的原则，听取了有关事故调查汇报，查阅了部分资料，对该事故发生的原因进行了认真、细致的分析。专家组研究讨论后认为事故原因如下：

（1）濮城油田是中原油田最早投入开发的油田之一，发生井喷着火事故的濮 3-347 井所在的区块，经过 20 多年开发未见气层。该井测井解释拟射开目的层为水淹油层，而实际从井喷现状来看，射开层为溶解气层。目前的测井技术难以正确解释溶解气层，造成测井解释与地下实际状况不符，该井施工方案和施工作业是按水淹油层设计的。

（2）由于拟射开目的层地层压力系数为 0.7，而下部产层地层压力系数为 0.6，存在"上喷下漏"的可能。下部产层漏失，导致井筒内液面下降，不能对射开目的层实施有效的压力平衡，造成天然气流入井筒后上窜，当气泡脱离液面后，急剧膨胀、喷出，导致在没有发现溢流的情况下发生井喷。这是这次井喷事故的直接原因。

（3）在井控设计中，设计人员在已知该井生产层压力系数为 0.6、拟射开层压力系数为 0.7 的情况下，针对压力体系不同的状况，没有提出有针对性的措施。施工作业人员没有意识到发生井喷的可能性，射孔前未观察井口是否灌满，反映施工队伍井控意识淡薄，也是发生井喷的原因。

（4）射孔作业后，产生的天然气迅速上窜，造成射孔枪、电缆迅速喷出并撞击抽油机驴头产生火花，引发天然气着火，这是不可预测的。

4. 事故教训

（1）严格执行国家、集团公司事故上报的有关规定，及时向当地政府和集团公司报告事故情况。

（2）针对这次井喷着火事故，要认真吸取教训、举一反三，扎扎实实做好井控基础工作，防止类似事故再次发生。

（3）加强对复杂油气地层的认识，在充分调研、分析的基础上，编制严密的工程设计和地质设计方案。

（4）强化施工队伍的协调与配合，提高各专业化公司协同作战能力。针对直接作业环节，进一步明确责任和分工，细化方案和措施，确保施工作业过程的有序、高效和安全。

（5）严格落实井控管理各项制度，加强井下作业施工井控管理基础工作，不断提高井控装备本质化安全水平和岗位工人操作技能，确保井控安全。

（6）不断完善工程技术交底各项规章制度，加强施工队伍的工程技术交底和现场监督工作，严格执行各项技术措施。

（7）加大安全教育培训力度，确保现场施工作业人员做到持证上岗，进一步提高全员安全意识、安全生产技能和安全操作水平。

沙 35 井井口闸门刺漏失控事故

1. 沙 35 井基本情况

沙 35 井是西北分公司在西达里亚油气田三叠系油气藏部署的第二口探井,由原西北石油地质局第一普查勘探大队施工。开钻时间:1991 年 10 月 10 日;完钻时间:1991 年 12 月 6 日;投产日期:1991 年 12 月 17 日。完钻井深:4503.51m。

2004 年 5 月 16 日 8:00,西达里亚集输值班人员发现站内管汇间、分离器、多功能热稳定器压力异常,检查后确定沙 35 井压力异常。通过排污管线、生产闸门两路同时卸压,压力仍然没有明显下降。12:00 发现套管进流程北翼闸门本体丝扣及闸门连接短节丝扣位置开始渗油,14:00 油气刺漏加剧。14:20 井口闸门刺漏达失控状态。分公司启动应急预案,组织抢险工作,从 16 日至 24 日,历时 9d,控制井口,无人员伤亡。

2. 井口闸门刺漏失控发生与处理经过

2004 年 5 月 16 日 8:00,西达里亚集输值班人员发现站内管汇间、分离器、多功能热稳定器压力异常,并且分离器、多功能热稳定器液位高,立即向采油一队汇报。采油一队立即组织检查站内流程,确定大罐进液,排除了油管线憋压的问题,马上对单井进行检查。9:20 对所有单井检查后,确定沙 35 井压力异常:回压 4~5MPa、套压高达 7.5~10MPa,压力突然升高原因不明。

采油一队立即按照集输站应急操作规程,将沙 35 井倒至计量分离器,通过排污管线卸压,但沙 35 井管线憋压仍高达 1.2~1.6MPa(计量分离器和生产分离器安全阀起跳压力为 1.2MPa),随即开通生产闸门,两路同时卸压,压力仍然没有明显下降。9:40 经采油一厂同意,于 10:17 电站关停除集输站和生活区以外所有供电,所有机抽井停产,仅 DK12 井自喷生产。

10:40 采油一厂启动应急预案,并确定技术方案:在套管内侧一翼加装三通,装油嘴和压力表,连接到油管出口管线,并连接放喷(压井)管线。现场就近安排正在施工污水回灌的中原油建队伍进行抢装，并立即调动压井队伍和物质。

12：00 发现套管进流程北翼闸门本体丝扣及闸门连接短节丝扣位置开始渗油，立即联系消防车和压井车辆。此时北翼闸门卡箍已经开始刺漏，14：00 在安装流程过程中，油气刺漏加剧，大量油气泄漏，使得施工人员已经无法在方井坑内继续安装，被迫撤出。

14：20 井口闸门刺漏达失控状态，采油一厂立即组织建立隔离坝、排油沟，并将人员撤至安全地带。14：30 消防车到达现场，对井口进行喷淋冷却。

15：30 分公司领导及有关部门领导赶到现场，成立分公司沙 35 井抢险现场领导小组，至 5 月 17 日凌晨 2：00 完成了抢险工作所需要的机具和队伍准备工作。7：30 所有现场领导小组成员和施工队伍就位，组织清理井口周围障碍，开外井口方井坑，但原钻机水泥基础未能挖开。9：00～14：30 连续组织三次抢险人员，配备气防装备，在消防车水炮的掩护下，抢换方井坑内的闸门，均因油气旋流太强、风向变化频繁而不能成功。由于当日下午风向仍然变化频繁，井口不能安全施工，故仍进行井场污油、污水清理工作，并准备麻袋、加木板等材料。

18 日 7：30 所有人员到达现场，各组检查准备工作。8：00～9：24 在消防水炮掩护下，对井口填麻袋，近距离喷淋，第一组抢险队员（中原油建 6 人）冲入方井坑，拆卸南翼压力表和丝堵，成功抢装油壬头。部署集输站内防火，可燃气体监测加密，井口未着火时连续监测，并在集输站内配置一台消防车值班。9：24～12：30 中原油建抢险队抢装油管接头，塔试修抢险队员抢装防喷（压井）管汇，吐哈抢险队员连接防喷（压井）管线。12：30～13：30 对放喷（压井）管线试压为 15MPa，稳压 30min，压力不降。开套管闸门，关节流管汇，节流管汇压力为 2MPa；开节流管汇，管汇压力为 1.3MPa，放喷池主要是天然气，而井口喷势没有减弱的趋势。19：00 井口气量突然加大，井口着火。立即通过放喷管线向井内注入盐水，同时增加消防车向井口喷淋，20：30 井口火焰熄灭。18 日 20：30～19 日 2：00 由中南油建、华北西部工程公司三普钻前队、塔漠公司对集输站推建防火坝并加高。22：00 气量又增大，井口第二次着火。

19 日 5：20 井口火焰第二次被熄灭，5：20～11：30 调装泥浆罐，9：45 因气量增大，井口第三次着火。11：10 川局压裂队两台 1050 型压裂车、混砂车到达现场。12：00～15：25 准备清理抽油机工作面，14：40 采油树运达现场备用。

20 日凌晨 5：00，井口东南污油池被井口大火引燃，经两只泡沫枪、两台水炮集中扑救，于 5：30 扑灭污油池面火焰。6：30 井口气量和风势减弱，消防队集中水炮喷射，井口大火第三次熄灭。7：10 井口气量又突然增大，井口第四次着火，集中 3 门水炮喷射，井口大火于 7：30 第四次熄灭。12：00～20：00 修建通往井口方井坑工作通道，宽 3m，深 1.5m，长 30m，并修建了排水沟。由中原油建安装潜水泵并连接排水管线。21：40 井口气量突然增大，井口第五次着火。

21 日 4：00 井口大火第五次熄灭。9：00～11：00 吐哈井下作业公司抢险队员对井口抽油机地脚螺栓进行拆卸，加工拆卸工具。中午已经拆卸 4 个地脚螺栓。11：30 井口第六次着火，11：45 风向转为西北向施工面，施工人员及消防人员撤出。17：30 井口大火第六次熄灭。21 日 17：25~22 日 4：00，风向不定且风力较大，天然气威胁施工人员安全，中南油建施工安全通道进度受到影响，施工暂停。

22 日 7：30~8：40，吐哈井下作业公司抢险队员拆除抽油机全部地脚螺栓，8：50 开始清理井场泥浆罐。14：00~14：55 特种运输队将井口抽油机吊出井场，16：00~20：00 修建通往井口方井坑的安全作业通道。23：00 井场清理完毕，回收污油的水泥车和潜水泵待命，麻袋、石棉板等物质到位。

23 日 4：00~9：50 基本完成安全作业通道的修建。9：50 风向转向工作面，井口第七次着火，施工人员撤出。12：00~21：40 轮台县气象局工作人员、自治区武警消防总队人员到达现场。现场继续焊接切割枪、引火筒、储备消防水、安装引火筒支架和钢丝绳。

24 日 4：00~8：57 检查各项准备工作和机具、消防车准备、压裂车准备、水泥车准备、挖掘机准备。8：57 井口大火第七次熄灭。9：05 测得井场可燃气体浓度超标，撤出。9：10 用彩珠筒将井口油气点燃，但很快熄灭。12：00 点燃井口大火，但又熄灭，风向东南风，待命，一直等待有利风向。14：00 风向转为东北风，向西南方向刮，有利于井口切割工作。14：08 点燃井口大火，14：48 熄灭。15：07~17：00 吊装切割枪、加装防火石棉墙、压裂车启动：泵压为 28.3 ~ 54.5MPa，排量为 0.42 ~ 0.51m³/min，砂浓度为 745.4kg/m³，17：00 顺利切割完毕。17：20 井口间歇井喷，连续用两条消防水龙带往井筒内补盐水，拖出切割下的井口并拆卸井口。18：00 井口得到完全控制。将采油树和防喷器全部运到井场备用，在 BX160 法兰面上安装钻井远程液压控制防喷器，21：00 防喷器安装完毕，关井。

沙 35 井抢险工作自 5 月 16 日至 24 日，历时 9d，无一人伤亡，安全顺利结束。

3. 井口闸门刺漏失控原因分析

（1）沙 35 井采油井口是按规范安装、连续生产近五年（1999 年 10 月安装）的偏心机抽井口。根据输油气管线设计压力 4MPa 而对井口生产流程管线试压是合格的，而套压闸阀在井口安装后，目前无法与采油井口一同试压。由于突遇异常高压，致使井口闸阀不能承受瞬时高压冲击而刺漏。

（2）三叠系上油组溶解气储量少，压力低。可能是封隔中油组的膨胀式封隔器年久失封（自 1997 年 8 月入井至 2004 年 5 月，已经使用 6 年 9 个月），中油组油气上窜引起压力突然上升，导致井口闸阀刺漏。

（3）沙 35 井周边其他油气井注水以及修井时压井，可能对沙 35 井产生一定的压力传导和激动作用。

案例 48

新文 106 井井喷失控事故

1. 新文 106 井基本情况

新文 106 井中原油田的一口气井，位于河南省濮阳县文留镇，井下特种作业处试油队于 2003 年 9 月 25 日搬上，进行压裂增产施工作业。

2. 井喷失控发生与处理经过

2003 年 9 月 29 日更换成 KQ60-65 型新采油树；10 月 19 日 14：30~15：30 压裂，破裂压力 51.2MPa，施工压力 43.6MPa，加砂 74m³，平均砂比 30.1%，施工排量 6.7~7.0m³/min。压后测井温，17：30 用 Φ4mm 油嘴放喷排液，至 21 日 9：00 停喷；停喷后加深管柱探砂面，砂面位置 2993m，未埋油层，21 日 19：30 起压裂管柱，22 日 10：00 井内余 14 根油管时发生井涌，施工单位立即关闭防喷器，油管抢接旋塞阀。22 日 4：05 突然发现采油树大四通北侧靠近采油树的闸门法兰开始刺漏，大量气体喷出。22 日 19：30~23 日 10：00 从采油树南侧闸门向井内多次打堵塞胶皮堵漏，但由于刺漏处孔隙过大，堵漏失败。随后向四川采气研究院求援，准备从采油树北侧闸门顶入堵塞器封堵大四通内腔通道。24 日 10：30 采用四川采气研究院的堵漏工具从北侧套管闸门顶入堵塞器，但堵塞器在进入第一个闸门后遇阻，无法进入大四通内腔，此方案施工失败。24 日 13：10 采用从套管内下入封隔器封闭油套环形空间方案，把油管从井口压入套管内 7m，强行下入封隔器套管卡封，封闭了油套环空，关闭了油管旋塞阀，制止住了井喷。16：30 成功进行了压井和更换井口采气树。

3. 井喷失控原因分析

（1）井喷原因。

① 甲方设计部门没有认真研究分析压力动态，不掌握地层漏失情况，未向施工单位提供灌水方案。

② 施工单位未按气井施工标准及时进行灌水，导致井内压力失衡，发生井喷。

（2）井喷失控的原因。

① 采油树、防喷器未按标准试压，当井喷时，采油树闸门法兰刺漏，造成井喷失控。

② 新采油树安装前，未按标准在作业处井控车间进行试压，认为有合格证就是合格产品了，当井喷时，采油树闸门法兰刺漏，造成井喷失控。

4. 事故教训

（1）施工单位未按照完井作业施工过程中发生溢流、井涌等异常情况的应急处理规定执行；施工过程中出现异常井况时，必须严格工序变更的设计、审批程序。

（2）甲方部门没有认真研究分析压力动态，不掌握地层漏失情况，未向施工单位提供灌水方案。

（3）进一步加强现场监督的管理，加大对现场监督和作业人员的培训力度，提高监督对现场突发事故的应急处理能力。

（4）加强对作业施工队伍的监管力度，进一步落实监管责任。

（5）井口装置未严格按照井控有关规定进行试压。

案例 49

新 851 采气井压井封井排险事件

1. 新 851 井基本情况

新 851 井是部署在新场构造上的第一口针对须家河二段气藏的预探井，位于四川省德阳市旌阳区德新镇五郎村。该井由西南石油局第十一普查勘探大队 6001 井队承担钻井施工任务，于 2000 年 1 月 5 日开钻，10 月 23 日完钻，完钻井深 4870.00m，11 月 2 日投产，产气量 $41×10^4 m^3/d$，井口油压 57.5MPa、套压 60.5MPa。井身结构如图 5-2 所示。

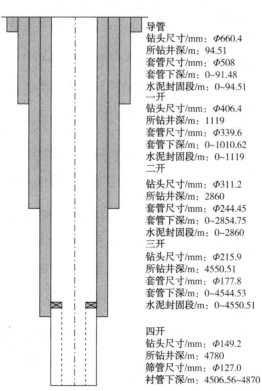

导管
钻头尺寸/mm：Φ660.4
所钻井深/m：94.51
套管尺寸/mm：Φ508
套管下深/m：0~91.48
水泥封固段/m：0~94.51
一开
钻头尺寸/mm：Φ406.4
所钻井深/m：1119
套管尺寸/mm：Φ339.6
套管下深/m：0~1010.62
水泥封固段/m：0~1119
二开
钻头尺寸/mm：Φ311.2
所钻井深/m：2860
套管尺寸/mm：Φ244.45
套管下深/m：0~2854.75
水泥封固段/m：0~2860
三开
钻头尺寸/mm：Φ215.9
所钻井深/m：4550.51
套管尺寸/mm：Φ177.8
套管下深/m：0~4544.53
水泥封固段/m：0~4550.51

四开
钻头尺寸/mm：Φ149.2
所钻井深/m：4780
筛管尺寸/mm：Φ127.0
衬管下深/m：4506.56~4870

图 5-2　新 851 井井身结构示意图

完井采气井口装置为：TFQ339.7×244.5mm×177.8mm-105 套管头+KQ65/105 采气树，生产套管为：$\Phi177.8mm$FOX 扣 HP1－13Cr－110×11.51 套管，生产油管为：$\Phi73mm$FOX 扣 HP1-13Cr-110×5.51 油管。

稳产输气一年后，井内油管断落，$\Phi177.8mm$ 套管上部刺漏天然气，$\Phi244.5mm$ 套管超内压力破裂。在生产输气的同时，井内的高压天然气窜入 $\Phi177.8mm$ 套管环空、$\Phi244.5mm$ 套管环空，其环空产气量、产水量和压力不断加速增加。2002 年 2 月 5 日 $\Phi244.5mm$ 套管环空套压达 7.25MPa，出现重大生产安全隐患。2002 年 2 月 25 日成功压井封井。

2. 事件发生与处理经过

（1）重大安全隐患的发现。

2001 年 11 月 21 日，在疏通采气平台一被堵塞闸阀的瞬间，听到井内一声闷响，井内油套压突然持平，油管在井口附近发生脱落。

11 月 25 日，$\Phi244.5mm×\Phi177.8mm$ 套管环空产气量和产水量呈现上升趋势，环空温度、井口套管头逐渐发热、温度升高，井口险情在逐步加重，井口已处于非常危险的状态。

采取降低井口压力，加大输气量的措施以保护采气井口装置和井内套管，井口压力从 60.2MPa 逐步降低到 37.3MPa，产气量从 $40×10^4m^3/d$ 逐渐增大到 $194×10^4m^3/d$，井口温度则由 62℃上升到 103℃。

（2）压井处理第一阶段：先后采用清水、泥浆压井。

2002 年 2 月 25 日 10：38～10：39，在放喷状态下，迅速打开油套压外控闸阀后，两台压裂车立即向井内注清水，同时迅速关闭放喷闸阀。

10：39～11：33 泵注密度为 $2.20g/cm^3$ 的压井泥浆 200.30m³，泵压为 24～53.41MPa，排量为 3.81m³/min。11：33～11：40 停泵观察，泵压由 10.29MP 下降为 7.29MPa。11：40～12：35，泵注密度为 $1.80g/cm^3$ 的压井泥浆 142.55m³，泵压为 12.45～27.96MPa，排量为 1.0～3.80m³/min。

12：35 停泵观察，油压、套压呈缓慢下降趋势。根据各项数据分析，地层吃入量比预计情况要好，地层也有一定承压能力，井下具备注水泥的条件，不会出现工作人员担心的水泥只注在井的上部，出现进退两难的严重后果，决定不注堵漏泥浆，直接注水泥封井。

（3）压井处理第二阶段：水泥封井。

2002 年 2 月 25 日 12：36～13：48，在注入 CMC 隔离液 2.0m³ 后，两台水泥车同时从油压和套压管线一起向井内注水泥浆 115m³。水泥浆平均密度为 $1.85g/cm^3$，排量为 1.5～2.0m³/min，泵注水泥浆压力为 11～32.70MPa。

13：50～13：55 压裂车向井内顶注密度为 $1.80g/cm^3$ 的泥浆 3.04m³，顶注泥浆压力36~51.89MPa，停泵时油压39.91MPa，套压40.10MPa。注泥浆的目的是为冲洗管线和在井口附近留下一段未封固井段，为今后弄清井内情况创造条件。

在注水泥浆过程中，环空无泥浆和水泥浆返出。此次注水泥浆封井施工，进入地层的水泥浆为36.04m³，对 Φ177.8mm 套管鞋附近地层达到较理想的封固。井筒内留有水泥浆78.96m³和泥浆3.04m³，即井筒上部约120m充满泥浆。

13：56 关井候凝，压井封井施工结束，历时3.28h。

3. 事件原因分析

（1）地质设计的预见性与实际有差距。

新851井是新场构造第一口以须二段为目的层的预探井，设计和施工只能借鉴合兴场构造和孝泉构造上已钻井的资料，这两个构造的须家河组钻获得最高产能的是川合100井，获得 $20.1×10^4m^3/d$ 高产天然气。根据地震资料及完井资料完全没有预测到新851井是具有 $151.5×10^4m^3/d$（输气一年后重新用二项式计算绝对无阻流量为 $325.9×10^4m^3/d$）产能的一口国内少见的高产能井，设计的预见性与实际出现了较大差异，原来的设计及生产工艺无法满足"三高"井的安全生产要求。

（2）对川西须家河组 CO_2 的腐蚀认识不足，对其腐蚀性重视不够。

在新851井以前，该区未发现 CO_2 腐蚀对井口装置及井下管材造成损害，对川西须家河组气藏 CO_2 在高温、高压及高产条件下腐蚀性没有足够的认识和研究，因此对该区 CO_2 腐蚀性重视不够。

在以 CO_2 腐蚀为主导的多种腐蚀作用下，采用35CrMo钢的油管悬挂器、套管悬挂器及采气树腐蚀严重，加上油管悬挂器采用公接头与油管连接，材料加工精度不一致，过流面几何尺寸变径及大流量的气液砂三相流冲刷等因素的共同作用下，引起 Φ73mm 油管断落和 Φ177.8mm 套管悬挂器丝扣刺漏。

4. 教训及认识

（1）处理好完井实际与地质设计的差距。

要充分考虑到设计的预见性与实际出现较大差异的情况。一方面，大力提高地质设计的准确性和精度；另一方面，工程设计要充分留有余地，对新区或新产层尤为重要。

（2）对腐蚀性气体必须引起高度重视。

由于对 CO_2 腐蚀问题没有足够的认识，虽然油管、套管选择了HP1-13Cr材质，但采油树闸门、油（套）管悬挂器选择了常用的35CrMo钢。35CrMo钢的抗蚀能力远低于HP1-13Cr钢，根本不能适应新851井气体中同时含 CO_2、水及 H_2S 的环境条件，导致井口装置的严重腐蚀。

（3）必须重视安全隐患的多因素性。

新 851 井的井口装置腐蚀受损关键因素是 CO_2 和水的共同作用，但绝不能忽视其他因素的破坏作用，如油(套)管悬挂器选择异质接头连接导致电化学腐蚀，因过流面几何尺寸变径导致腐蚀加剧的空气动力学因素，油管尺寸小、丝扣强度低引发的负面影响，国产阀门体和油管悬挂器加工品质不高等。

(4) 适当控制大流量的冲刷。

一方面尽量采用表面强化，另一方面还应从管串结构、井下工具设计考虑，控制流量、减缓流速，尽量减轻对过流面的冲刷强度。

(5) 提高固井质量。

应加强深井高温防气窜水泥浆配方的研究，彻底解决气窜问题。固完井后，对环间压力要加强观察，对窜气要正确引流。

(6) 压力激动对井口装置有巨大的破坏作用。

相对于中、低压力气井生产而言，高压气井生产过程中的压力激动对井口装置的破坏作用非常明显，因此必须引起高度重视。

(7) 重视完井方式的选择。

从工程管理的角度出发，在勘探程度不高的情况下，对须二段非均质气藏应评价后再选择恰当的完井方式。对高压高产且具有腐蚀性气质的气井，应选择耐腐蚀的气密封扣生产油管；根据厂家推荐扭矩连接丝扣，同时选择具有防腐耐高温的螺纹密封脂，确保生产管柱的密封质量，并配合完井封隔器综合组成完井生产管柱生产。

案例 50

DXX151P2 井井喷失控事故

1. DXX151P2 井基本情况

DXX151P2 井是胜利油田东辛采油厂的一口生产井，1998 年 7 月 1 日上作业新井投产，套管 Φ177.8mm/139.7mm，人工井底斜深 2743.41m，水平段 260m，水平段有效油层厚度 105m。7 月 2 日通井无遇阻，7 月 5 日用 89 型枪射开沙三上稳 1。7 月 9 日下管柱打防掉丢手、下机组，泵挂深度 1050m。7 月 10 日完井开机，用 12mm 油嘴生产。日产液 115.2t，日产油 100.4t，含水 12.8%，动液面在井口，油压 2.2MPa。

2. 井喷失控发生与处理经过

1998 年 7 月 18 日下午 15：30 左右，东辛采油厂生产调度室接采油矿求援电话：辖区内的 DXX151P2 井井口地面电缆丢失，电泵悬挂器刺漏，压力较高，有井喷预兆。采油厂立即组织人员赶赴现场抢险。到达现场后，发现高压油气流自电泵井两瓣式悬挂器夹紧三根电缆的位置外泄，判断该井为井口地面电缆被盗割，导致停井。由于电泵大排量生产抽活了地层流体，井内压力增高，高压油气流把电泵悬挂器上夹紧三根电缆的位置刺坏。

掌握情况后，立即调水泥车组织压井，从套管闸门处向井内泵入卤水，反循环压井。18 日 17：00 泵入 60m³ 卤水后压力基本平衡，喷势得到有效控制，迅速提起电泵悬挂器，打上吊卡，更换好 Φ76mm 悬挂器。但在摘吊卡准备坐入悬挂器时吊卡摘不下来，井内电缆管为 Φ62mm 外加厚油管，Φ62mm 普通吊卡卡在油管上。此时井内压力突然升高，强大的油气流喷涌而出，高达 20m 左右，并且在吊卡、油管悬挂器和大钩的阻挡下，四散喷发，人员无法靠近井口，井喷失控。

后经抢险人员更换油管吊卡，坐入悬挂器，抢装井口关井，抢喷成功。

3. 井喷失控原因分析

(1) 地面电缆被盗割停井，两瓣式电泵悬挂器夹电缆处承受不住井内高压，是发生井喷的主要原因。

（2）电泵悬挂器刺坏，向井筒内挤压井液时压井效果差，在拆开井口后发生二次井涌，是发生井喷失控的主要原因。

（3）未制定完善的井喷抢险应急预案，抢喷器材准备不足，在井喷发生后抢喷措施不当，是导致抢喷时间延长的主要原因。

4. 事故教训

（1）结合油藏特征和钻井数据提供齐全的资料，制定合理的作业完井方式，根据可能产生的最大油气流压力配套承受相应压力的井口装置，确保安全生产。

（2）加强精细化管理，严格落实巡检制度，消除管理漏洞，杜绝事故隐患，及时根据井口的压力变化采取相应的管理和应对措施。

（3）加强井控知识培训和井喷抢险演练，提高操作人员的操作技能和应急避险能力，采取合理的抢喷措施，及时控制井喷。

案例 51

桩古 15 井井喷失控事故

1. 桩古 15 井基本情况

桩古 15 井位于胜利油田桩二管理区，生产井段 3536.12~3913.0m，Φ244.5mm 套管下深 3536.12m，人工井底 3913.00m。该井 1992 年 10 月定为定点测压井，一直关井。

2. 井喷失控发生与处理经过

1997 年 1 月 12 日采油队在巡井时发现井口渗漏且左侧套管闸门铜套被盗，准备更换闸门、换井口、下电泵生产。1997 年 1 月 12 日桩西作业 7 队搬上，压井、更换闸门，在更换闸门时发生强烈井喷，井喷持续 3 天 4 夜，累计喷油约 17000m³，气约 20×10⁴m³。

1997 年 1 月 12 日接套管放喷，套压为 3.0MPa。1 月 13 日 14:00，替入清水 15m³ 后用密度为 1.20g/cm³ 的钻井液压井，出口闸门控制放喷到返出钻井液停泵。1 月 13 日 17:00 卸下油嘴套，卸左侧套管闸门，在准备装新套管闸门时发生强烈井喷，施工人员立即强装左侧管套闸门。因压力过高，抢装三次无效井喷失控。高压、高温油气从大四通一侧喷出。启动应急预案，抢险队 18:30 时达到井喷现场，制定抢险方案。在前期多次压井不成功的情况下，16 日 13:00 用 4 部 1000 型压裂车组、密度为 1.60g/cm³ 的钻井液正循环压井，14:30 压井成功。15:00 装好左双套套管闸门，抢险成功。

3. 井喷失控原因分析

（1）采油队长期停产井日常巡检力度不够，对长期停产井井控管理存在麻痹心理，防盗工作力度不够，致使套管闸门铜套被盗，是造成这次井喷失控的主要原因。

（2）采油厂工艺、地质部门对该井的地质情况认识不够，没有充分认识到该井地层情况，没有对作业施工队伍提出预报和制定防喷措施，是井喷事故的重要原因。

（3）作业队伍对该井的井喷风险认识不够，在压井后更换套管闸门时因相关工具准备不充分，是井喷失控的直接原因。

4. 事故教训

（1）加强对长期停产井的监测力度，分析研究地层压力变化情况，制定相应措施，为作业施工提供可靠数据。

（2）加强对长期停产井日常巡检力度，做好油井日常检查工作，确保长停井井控安全。

（3）加大作业队伍井控设备、抢喷器材的投入力度，更换老化设备，加强井控设备维护保养及检测，确保可靠好用。

（4）制定完善的井控管理、技术管理、安全环保管理的规章制度，明确职责，提高井控水平。

第 **6** 章

高含H_2S气井生产中井控故障处理

案例 52

P303-1 井 "1 · 24" 异常关井故障处理

1. 故障描述

2010 年 1 月 24 日下午 17：17，P303-1 井出现异常关井，主要原因是计量分离器背压阀堵塞，导致计量分离器至三级节流阀间管线压力瞬间增高，达到三级节流加热炉压力高报警值，引发 P303-1 井加热炉 ESD 关断，造成井口压力高于 30MPa，引发 ESD-3 关断。

2. 故障原因

（1）P303-1 井生产过程中携带的液体量大，杂质多。

P303-1 井开井以来，呈现产液量大、杂质多的特点，前期携带物质比较黏稠、量大，现在黏稠度已较低、液量减少。

1 月 24 日当天，P303-1 井分酸分离器排液时间大概为每次间隔 10min，根据前期液位计堵塞清理出的杂质看，气体杂质的主要成分为黏黄状物质。

（2）计量分离器背压阀存在堵塞现象。

计量分离器背压阀压力设定为 0.2MPa，随着生产时间的增长，背压阀导压管存在部分液体，在温度较低情况下很容易堵塞导压管。一旦存在导压管堵塞，并且堵塞时背压阀的导压管反映的压差小于 0.2MPa，这时候背压阀的开度就会减小，迫使计量分离器前后压差增大，但这个压力增加值由于导压管堵塞反馈不到背压阀，这就引起计量分离器瞬间罐体压力升高。

（3）加热炉高压关断自动保护，引发 ESD-3 关断。

在计量分离器压力升至 10.5MPa 时，加热炉二级盘管达到设计压力值，即引起加热炉停炉（ESD 处于受控状态），同时站场二、三级节流阀由于受加热炉控制而同时关闭，导致一级节流至二级节流间管线瞬间压力超过 30MPa，达到井口压力高高报警值，引发 P303-3 井 ESD-3 关断。

3. 故障处理

在确定故障原因后，岗位人员打开了计量分离器背压阀旁通流程，防止再次出现背压阀导压管堵塞引发计量分离器瞬间憋压情况。接厂调通知，P303-1井再次开井，气量 $80 \times 10^4 m^3/d$，目前生产正常。

4. 经验教训

（1）气井正常生产走计量分离器流程时，为防止憋压引起三级关断，需要打开计量分离器背压阀旁通。

（2）加强分酸分离器、计量分离器的排污次数。

案例 53

井口压力变送器堵塞故障处理

1. 故障描述

3 号线的 3 个站自生产以来，井口压力变送器取压管堵塞成为影响生产的一个重要因素。现场值班人员需要经常用热水或者通过外排的方式解堵。

2. 故障原因

由于产出的气体中含有极黏稠的酸液、固态硫以及其他杂质，极易造成井口压力变送器和井口压力表取压管线堵塞。

3. 故障处理

(1) 将人机界面对相应井的井口压力高高低低报警转换至"超驰允许"。

(2) 使用热水浇注取压管，如果堵塞情况消除就不用执行下步操作。

(3) 关闭取压阀，将高压软管一端安装至压力变送器放空管上，另一端连接到装有中和液的桶中。

(4) 缓慢打开压力变送器放空阀，将压力泄完。

(5) 关闭压力变送器放空阀，打开压力变送器取压阀。

(6) 观察压力变送器是否恢复正常，如未恢复正常则重复进行(3)~(5)步。如恢复正常，则核对就地显示数值和远程显示数值，并在人机界面上将相应井的井口压力高高低低报警信号转换至"超驰禁止"。

(7) 井口压力表解堵只需执行(2)~(6)步即可。

4. 经验教训

由于井口压力变送器牵涉控制系统的关断逻辑，所以在进行井口压力变送器外排解堵时必须先在人机界面上进行相应井的井口压力高高低低报警信号超驰操作。

案例 54

井下安全阀压力超量程故障处理

1. 故障描述

自投产以来，普光 201-2 井、普光 202-1 井、普光 202-2H 井的井下安全阀液控管线压力均有大于 10000psi 超压力表量程现象。

2. 故障原因

在井口控制柜控制面板上，关井状态的井下安全阀液控管线压力表读数均在6000~8500psi 之间，处于正常工作范围，而只有生产井的井下安全阀液控管线压力大于10000psi，超出压力表量程。

这是由于井下安全阀的液压控制管线处于环空保护液中，在开井生产过程中，由于油管温度上升造成油层套管内的环空保护液温度上升，从而使液控管线温度上升，最终促使井下安全阀液控管线压力上升(油温上升→环空保护液上升→液压控制管线温度上升→液压压力上升)。而井下安全阀的液压控制管线溢流阀的溢流设定值大于10000psi，当压力升高时，溢流阀不能有效溢流，致使井下安全阀压力表超量程。

3. 故障处理

重新设定井下安全阀的液控管线溢流阀的溢流值，设定值为 8500psi，当压力超过8500psi，就能自动溢流，从而使井下安全阀压力处于有效工作范围内。

调节后，井下安全阀的溢流阀能有效溢流，井下安全阀压力表没有超量程现象。

4. 经验教训

观察井口控制柜各压力表压力变化情况，及时分析原因，调节修改参数，使各仪表处于安全工作状态。

案例 55

高低压限位阀自动泄压导致
地面安全阀关闭故障处理

1. 故障描述

2010 年 3 月 1~6 日，普光 203 集气站井口控制柜高低压限位阀两次自动泄压导致地面安全阀关闭。高低压限位阀先导压力在 48h 内，自动从 110psi 下降到 28psi 时，地面安全阀关闭。有时候高低压限位阀先导压力在白天中午从 110psi 上升到 160psi。

2. 故障原因

从高低压限位阀先导压力表数值可以看出，其数值在 28~160psi 之间波动，波动范围加大，主要原因是由高低压限位阀液压油路上的泄放阀存在故障，泄放阀内的密封圈损坏导致液压密闭性不好，不能及时对高低压限位阀泄压和补压，从而触发地面安全阀关闭。

3. 故障处理

更换高低压限位阀液压油路上的泄放阀内的密封圈，重新调节准确泄放参数。

4. 经验教训

及时观察高低压限位阀先导压力值变化，分析故障原因，检查维修，避免地面安全阀多次关断。

固定式 H$_2$S 探头大面积误报警故障处理

1. 故障描述

某集气站出现站场 H$_2$S 探头大面积报警，报警 H$_2$S 探头覆盖井口、加热炉区、火炬分液罐区及收发球筒区。报警 H$_2$S 探头表现出数值跳变的现象，且报警探头的跳变频率一致。集气站人员当即到达现场对站场管道设备密封点进行检查，未发现漏点。

2. 故障原因

到站场进行细致的验漏未发现漏点，且各探头报警跳变频率一致，每次报警只持续 1~2s。查看记录后发现近期未进行相关的电气施工，因此判断为某一探头故障导致 SIS2 机柜中与该故障探头连接的卡件接收到错误信号引起其余探头误报。

3. 故障处理

探头报警面积较大，因此在 SIS2 机柜对报警的每个探头逐一进行断电，通过断电后观察是否仍然报警来判断到底是哪个设备造成。通过逐个断电判断法，将发电机撬块内感温探头供电线拆除后站场各探头均正常，由此找出故障源。

4. 经验教训

本次故障由 H$_2$S 探头大面积报警系设备故障引起。一旦出现这种情况，应首先到站场进行确认，在确认无误后方能考虑设备因素。在对设备进行检查时，应找到设备的共同点，以共同点为出发点进行故障排除。

案例 57

人机界面示值与现场示值误差大故障处理

1. 故障描述

普光 201 站人机界面上显示 P201-1 井、P201-2 井、P201-4 井、P2011-3 井、P2011-5 井的油温、套温、套压值都与现场实际值误差太大，特别是 P2011-3 井的油温在 SCADA 上显示为 25.7℃，而现场实际值为 16.36℃；P2011-3 的套压在 SCADA 上显示为 0.0，而现场实际值为 422psi。

2. 故障原因

从普光 201 站人机界面各井的油套压、油套温历史数据来看，P201-1 井的油温在 2010 年 3 月 1 日 15：02 时，就一直处于 16.2℃，至今没有变化。其他各井的油温、套温、套压值在 2010 年 3 月 6 日 14：36 以前有变化（2010 年 3 月 6 日 14：36UPS 停机，15：30UPS 恢复运行），15：30 后，数据也有变化，但是，到 15：48 时，各数据基本维持现状无变化。

油套压、油套温值无变化，主要是由 UPS 停机引起的，UPS 停机会连锁井口控制柜 PLC 停运，P201-PCS 停止数据传输，当 UPS 恢复运行后，数据没有完全恢复。

3. 处理过程

将井口控制柜的 CPU 断电，进行多次重启，数据恢复正常。

4. 经验教训

检查线路，杜绝 UPS 停机故障发生，致使控制数据丢失。

案例 58

P301-2 井 11#生产闸阀漏气故障处理

1. 故障描述

2009 年 11 月 1 日，站场人员在巡检时发现普光 301-2 井 11#生产闸阀存在微小漏气现象。

2. 故障原因

经过对采气树阀门结构资料的研究和现场实际的勘察，初步断定该生产闸阀的盘根密封不严而出现微漏现象。

3. 故障处理

发现情况后，相关工作人员及时到现场进行勘察，同时将情况上报厂生产技术办公室，生产技术办公室及时联系 FMC 采气树生产厂家到现场进行处理解决。经厂家工作人员现场拆卸闸阀后发现盘根安装有误，并对该阀门的盘根进行了更换，处理后气密试验没有发现漏点，消除了漏气现象。

4. 经验教训

(1) 巡检时要仔细，以便及时发现现场存在的问题。

(2) 发现问题要及时上报，寻求更多支持，以便快速及时地解决突发问题。

(3) 应深入学习现场设备的结构、性能等技术资料，加强对问题的分析能力，以便在现场能及时找到问题的关键所在。

普光 102-3 井地面安全阀注脂阀渗漏故障处理

1. 故障描述

西油联合对普光 102 集气站进行采气树阀门注脂时，普光 102-3 井地面安全阀注脂阀突然发生泄漏，井口区 H_2S 探头报警 8ppm。

2. 故障判断

注脂阀由阀盖、阀主体(包括钢珠和弹簧)、阀盖三部分组成。注脂时，由于阀体内钢珠挤压弹簧后无法回坐密封，造成气体泄漏。

3. 故障处理

关井放空后，对损坏注脂阀进行拆卸、更换。

4. 经验教训

由于采气树阀门每年要进行 4 次轴承注脂和两次闸板注脂(FMC 为 4 次)，注脂阀使用频率较高，因而要加强日常验漏和维护，发现损坏要及时进行更换。

案例 60

普光 107-1H 井 7[#] 阀门阀盖处渗漏故障处理

1. 故障描述

P107 集气站值班人员巡检时，发现普光 107-1H 井 7[#] 阀门阀盖处 2 点钟方向变黑，现场检测 H_2S 含量为 57ppm。

2. 故障判断

该采气树为 CAMERON 公司生产的 70MPa、MTBS 型整体式采气树，7[#] 阀门与采气树本体相连，阀盖与本体内为金属密封。根据泄漏点位置，判断为阀盖松动，造成金属密封圈未完全密封。

3. 处理过程

关井后，将该井地面安全阀关闭，对采气树上半部分进行泄压放空，压力泄为 0 后，对阀盖处螺栓进行紧固，然后再对阀板加注密封脂，解决渗漏问题。

4. 经验教训

日常巡检时应加强对采气树本体和阀门进行验漏，发现异常后，及时上报进行处理。

案例 61

套管泄压流程管汇台堵头渗漏故障处理

1. 故障描述

2013 年 9 月 10 日，普光 301-3 井进行井下漏点检测，在对该井油套压力进行泄放时，发现压井流程堵头处渗漏严重，遂立即停止作业。

2. 故障判断

该渗漏堵头处上游有一平板闸阀控制，该闸阀 2010 年 1 月出厂，型号为 PLS3、65mm、70MPa，平板闸阀发生泄漏时为关闭状态。通过对管汇台流程分析，判断为该闸阀内漏严重，且堵头安装位置松动，两个因素导致堵头处发生 H_2S 泄漏。

3. 故障处理

关闭该井 2#、5# 阀门停止泄压，然后对管汇台压力进行放空，随后将该堵头拆下，缠绕密封胶带后，重新进行安装、紧固，经试验不漏。该内漏阀门正在备料，择机进行更换。

4. 经验教训

套管泄压管汇平常使用较少，在使用时要加强验漏，发现问题及时进行上报、解决。此外，内漏闸阀备料后，要抓紧时间进行更换，消除安全隐患。

井口控制柜地面安全阀液压泵频繁补压故障处理

1. 故障描述

2013 年 3 月，对普光 102 集气站 Cameron 井口控制柜进行维护保养时，发现该站地面安全阀液压泵频繁补压，液压泵压力 5000psi（停泵压力）经 1min 下降至 4000psi（启泵压力）。

2. 故障判断

由于地面安全阀的频繁补压，液压油的温度较高，管线内漏处的温度比其他的管线要高，因此采用"回溯法"进行查找：即从油箱的回流温度高的管线往回查找。经过查找确定为普光 102-1 井中继阀内漏导致地面安全阀液压泵压力下降，频繁补压。

3. 故障处理

对该井中继阀密封圈进行更换，进行调试后，恢复正常。

4. 经验教训

经拆卸更换发现中继阀内部的密封圈已有老化现象，应储备该类备件及时对控制元件定期进行密封圈的检查和更换，减少该类故障的发生。

案例 63

FMC 井口采气树闸阀无法活动故障处理

1. 故障描述

2010 年 8 月在普 303 集气站，发现采气树闸阀无法活动。然后组织对全区采气树闸阀开关情况进行统计，发现共有 42 个阀门无法活动。其中，FMC 生产的共有 40 个，美国钻采生产的表技套有两个，严重影响了气井的安全生产。经过前期和生产厂商及维保队的结合，共处理了 22 个阀门，目前仍有 20 个还不能进行开关，如表 6-1 所示。

表 6-1 采气树阀门开关情况统表

序号	井号	阀门位号	生产厂家	发现时间	备注
1	P301-2	8	FMC	2010.11	不能动作
2		10	FMC	2010.12	不能动作
3	P301-3	1	FMC	2010.8	不能动作
4		7	FMC	2010.11	不能动作
5		11	FMC	2010.8	不能动作
6	P301-4	11	FMC	2010.10	不能动作
7	P302-2	7	FMC	2010.8	不能动作
8		11	FMC	2010.8	不能动作
9	P302-3	7	FMC	2010.8	不能动作
10		9	FMC	2010.8	不能动作
11		11	FMC	2010.8	不能动作
12	P303-1	1	FMC	2010.8	不能动作
13	P303-2	7	FMC	2010.8	不能动作
14		11	FMC	2010.11	不能动作
15	P303-3	7	FMC	2010.8	不能动作
16	P103-1	11	FMC	2010.10	不能动作
17	P104-1	1	FMC	2010.8	不能动作

序号	井号	阀门位号	生产厂家	发现时间	备注
18	P105-1	7	FMC	2010.10	不能动作
19		10	FMC	2010.10	不能动作
20	P105-2	12	美国钻采	2010.10	不能动作

2. 故障判断

（1）阀门长期没有操作。

在阀门的阀板与阀座之间、阀杆与填料之间、阀杆螺纹与螺母之间会出现污物、尘土堆积，久积成垢，增加了各运动面的阻力，这种阻力很有可能导致闸阀不能正常开启或关闭，即卡死。

（2）阀板与阀座之间被卡。

造成阀门卡死的原因分析：阀板与阀座咬死。从平板闸阀结构来看，在阀板与阀座的结合面上可能会产生很大的正压力，从而形成很大的静摩擦力。当进行阀门关闭操作时，一旦使用的力矩过大，阀门重新开启时将要克服的静摩擦力非常大，甚至达到几十吨，造成了阀板与阀座咬死导致闸阀不能正常开启。

（3）介质对阀门运动件的腐蚀影响。

介质中的腐蚀成分、气田水、空气及空气中的腐蚀成分，都会造成阀门运动件的腐蚀。这种腐蚀既降低运动副的光洁度，又会产生锈蚀物，是增大开关阻力的又一原因。

（4）阀门过度关紧造成阀杆弯曲变形影响。

过度的关紧阀门还会造成阀杆的弯曲变形，阀杆失去良好的直线度，与螺母发生干涉，将会产生很大的阻力，从而导致阀门卡死，无法开启。

综上各类分析及结合普303-3井11#阀门解体来看，阀板和阀座之间并没有产生杂物，活动比较轻松，也没有任何的腐蚀迹象。所以造成阀门不能动作的原因主要是阀门长期没有进行活动和开关过程中过度用力造成了阀杆和阀板之间被卡死。

3. 故障处理

（1）针对阀门长期处于没有动作的状态，普光采气区要求各集气站每周一进行安全活动时，要对各采气树阀门进行活动，每次活动2~3圈，保持阀门处于能动作状态。

（2）严格按照操作规程进行开关，每次开关到位后要求回转1/4~1/2圈，防止阀杆咬死。

4. 经验教训

（1）在阀门正式解卡作业前，通过注脂口注入专业油脂润滑阀杆油杆。

（2）设法平衡阀门闸板两端压力，当阀门闸板一端受压而另一端不受压时，开启阀门较为困难。主要原因是阀门闸板两端受力平衡时，开启所需要的力矩小，而当闸板两端压力相差较大时，其力矩将成倍地增加。

（3）前期解卡作业主要是通过人力手动转动手轮或者使用管钳，或者在管钳上再套个加力杠，增加受力力臂，从而增加了作用在控阀上的力矩，然而使用管钳可能使阀门手轮受力不均匀，剪切销钉损坏阀门，为了确保主控阀受力均匀，加工制作用开启工具，增大开关力矩(图6-1)。

（4）对阀杆进行振动解卡，主要是利用振动电机的振动原理。阀门卡死是阀杆和阀板之间有较大的摩擦力，发生自锁现象，当阀板两侧压力平衡时，电机的振动对其自锁产生较大的破坏力，从而能顺利开启或关闭(图6-2)。

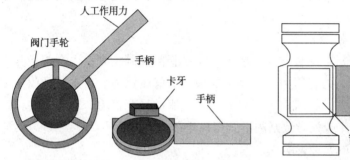

图6-1　阀门操作工具分解图

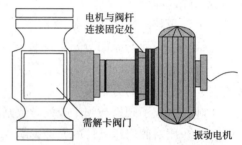

图6-2　解长阀门与振动电机分解图

案例 64

D404-1H 采气树针阀飞出故障处理

1. 故障描述

2014 年 8 月 24 日，D404-1H 采气树针阀（图 6-3）1#油压变送器取压针阀手柄由于丝扣腐蚀，螺纹断裂飞出。采气厂员工妥善应急处置，未发生安全生产事故。

2. 故障判断

经过对现场取压针阀手柄分析，判断原因如下：

（1）设计材质存在缺陷：取压针阀材质是316L 等级的，抗硫效果不理想。

（2）安装位置存在缺陷：由于压力变送器取压口竖直向下，导致取压针阀内长期积液，加剧了取压针阀的腐蚀。

图 6-3　D404-1H 采气树针阀

3. 故障处理

（1）组织对所有生产井井口装置的取压阀门进行了调查分析，发现出现问题的同类针阀共有 53 只，均为 FMC 和神开公司提供。通过对比，大湾区块使用的 316-AN 针阀腐蚀程度比普光主体更为严重一些（腐蚀坑 VS、麻点），分析可能与气井投产作业的入井液体系有关，但喀麦隆采气树所使用的哈氏合金针阀未出现明显腐蚀。

（2）编制了针阀更换的专项方案，随即组织将同类针阀更换为镍基针阀。

（3）制定了专项管理措施，并下发紧急通知，告知采气厂所有基层单位和相关维保单位，在施工过程中存在的风险，要求按照正确规范进行操作。

（4）配合物资保障部组织 FMC 厂家和相关管理技术人员到现场查看和分析原因，查找问题针阀的来源。经查明，该类型的针阀均为 FST 井口控制柜厂家在安装时候提供，目前 FMC 厂家已带回同等规格型号的针阀送至 AUTOCLAVE 公司进行化验分析。